Scratch 编程趣味玩转数学

小溪流 / 编著

U0261107

中国铁道出版社有限公司
CHINA RAILWAY PUBLISHING HOUSE CO., LTD.

内 容 简 介

本书将数学融入编程，以"编程思维-数学思维"带领孩子一起从编程的视角看待数学。将数学知识体现在一个个程序项目中，将抽象的数学公式转化成具象的程序项目。

通过人物对话形式开展，以项目制的学习方式推进，每章节都会先学习数学知识，推理思考过程，从思维上先理解整个问题的解决思路，然后再转变成程序语言。

以一个个的挑战任务激发孩子学习的激情和兴趣。让孩子在编程的世界再次去认识数学、运用大小比较、进行四则运算、了解钟表。通过营救小游戏去使用、理解坐标的概念，去感受方位和距离。各种绘制图形的方法，观察几何图形，掌握角度，计算周长和面积。挑战奇偶数、质数、合数的程序判断方法，去体验求最大公约数和最小公倍数的算法编写，最后制作一个综合的分数计算器，将算法知识融会贯通。

本书适合小学生或初中生阅读学习使用，也可作为中小学信息技术课或培训机构的Scratch教材。

图书在版编目（CIP）数据

Scratch编程趣味玩转数学/小溪流编著. —北京：中国铁道出版社有限公司，2020.5
ISBN 978-7-113-26600-4

Ⅰ.①S⋯ Ⅱ.①小⋯ Ⅲ.①程序设计 Ⅳ.①TP311.1

中国版本图书馆CIP数据核字（2020）第040863号

书　名：Scratch编程趣味玩转数学
Scratch BIANCHENG QUWEI WANZHUAN SHUXUE
作　者：小溪流

责任编辑： 于先军		**读者热线电话：** 010-63560056	
责任印制： 赵星辰		**封面设计：** MXK DESIGN STUDIO	

出版发行： 中国铁道出版社有限公司（100054，北京市西城区右安门西街8号）
印　刷： 中国铁道出版社印刷厂
版　次： 2020年5月第1版　2020年5月第1次印刷
开　本： 700 mm×1 000 mm　1/16　**印张：** 11.25　**字数：** 170千
书　号： ISBN 978-7-113-26600-4
定　价： 59.80元

前 言

编程和数学是密不可分的，它们有着非常相似的思维逻辑。数学是编程的基石，编程的学习不能替代数学的学习，但是它却可以巩固数学知识，升华数学应用。

编程可以将数学从纸面上的试题转化成生活中的一个个实例；将数学不可见的理论转化成可见的程序演示效果；将数学从抽象的公式转化成具象的实用工具。从而使孩子更好地掌握数学知识，理解其背后的奥秘。

少儿编程是一门以项目制和探索式进行教学的学科，它可以很好地培养孩子的逻辑思维能力、分析问题解决问题的能力，培养如何将一个大项目、大问题通过分层思维拆解成若干个小项目、小问题，运用模式识别和抽象思维寻找问题的解决思路，最终形成算法将项目完成，将问题解决。这样分析问题解决问题的思路在数学思考中同样非常重要。从编程学习中不断强化思维的训练对数学应用的分析和解答有着至关重要的作用。

同时在编程学习中，还将运用各种数学知识。

算术运算：在编写程序的过程中经常运用到加减乘除四种基本运算，这也是小学数学的重要内容。例如：孩子们制作的超市收银员，就需要运用加减统计消费者购买了多少商品数量（加入购物需要做加法运算，删除商品就需要做减法运算）。在最后买单过程中，使用商品数量 × 商品单价来计算每类商品的总价，然后将各种商品的总价相加就是最后需要支付的金额。

比较运算：大于、等于、小于。例如：最简单的猜数字游戏，就是运用比较运算符来完成的。你猜的数字大了，你猜的数字小了，不断地缩小数字范围，最终通过等于结束游戏。或者在一个物理的天平程序中，做重量的比较。将数学融入生活，连接物理。

逻辑运算：与、或、非，将它们通过程序展示在电路系统中，更加有助于理解。串联开关需要同时打开灯亮，这是与，需要两个条件同时满足。在并联电路中，两个开关只需要打开一个，灯泡就会亮，这是或。只有一个开关的电路中，开关没有打开，灯泡是不亮的，这是非。

坐标系：舞台是一个以中心为原点的直角坐标系，x 轴正方向为右，y 轴正方向为上。角色在舞台中的布局，需要我们熟练掌握坐标的使用。

还有数据类型、几何图形、空间结构等。

希望通过本书运用编程工具，将小学数学中的知识更加具象、更加清晰，可以更加透彻地理解背后的逻辑道理。希望孩子们可以在阅读本书的过程中更加深刻地理解和掌握数学知识的运用。

作　者

2020 年 4 月

目 录

第 1 章　Scratch 3.0 编程世界 1

1.1　认识它们两兄弟 1

1.2　看你能不能找到我 2

1.3　邀请 Scratch 来我的电脑做客 3

第 2 章　10 个数字来报道——认识数字　　5

2.1　看我们大显身手 6

2.2　数一数 6

2.3　跟着程序，一起学习数字吧 7

2.4　小拓展，变换特效 13

第 3 章　识别大小的机器人——比较大小　　15

3.1　创建数字变量 15

3.2　大小自动识别 18

3.3　文字匹配语音 20

3.4　程序赋予我超能力 23

3.5　你也试试吧 24

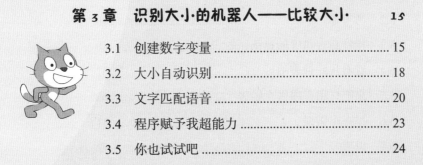

第 4 章　彩色画笔——画个正方形 26

4.1　认识图形 27

4.2　来画一个正方形 28

4.3　看看我绘制的效果吧 30

4.4　让画笔变换颜色 31

4.5　将每一条边进一步拆解 32

4.6　简化代码 34

4.7　更多变化 36

第 5 章　挑战四则运算塔 39

5.1　四个符号各有分工 40

5.2　快来算一算 43

5.3　四则运算程序跑起来 43

5.4　用程序征服四则运算 44

5.5　小拓展——变量滑杆操作 55

第 6 章　我是一个时间小·工匠 57

6.1　制作前，我们需要了解时钟 58

6.2　考考你 59

6.3　指针旋转角度的奥秘 60

6.4　看看我的钟表吧 62

6.5　来吧！用程序做个钟表 62

6.6　排查小错误 71

6.7　思考一下 72

第 7 章　精准的营救计划 **73**

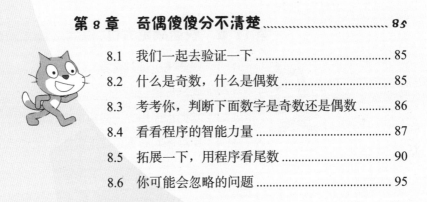

7.1　坐标定位 74

7.2　模拟营救方案 78

7.3　编写营救程序 79

7.4　增加一个代码块，改变小鸟的位置 84

第 8 章　奇偶傻傻分不清楚 **85**

8.1　我们一起去验证一下 85

8.2　什么是奇数，什么是偶数 85

8.3　考考你，判断下面数字是奇数还是偶数 86

8.4　看看程序的智能力量 87

8.5　拓展一下，用程序看尾数 90

8.6　你可能会忽略的问题 95

第 9 章　换个方式画长方形 **96**

9.1　长方形是怎么画出来的 97

9.2　程序是这样绘制的 98

9.3　按步骤编写程序 99

9.4　通过程序来调节边长 106

9.5　计算周长和面积 108

第 10 章　折线图统计图 109

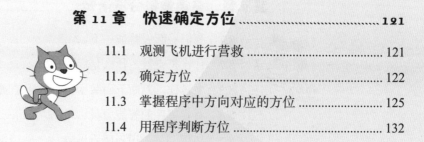

10.1　用折线图表示数据 110

10.2　程序的高级之处 112

10.3　鼠标描点真方便 112

10.4　将数据点依次连接 118

10.5　拓展——寻找 Bug 120

第 11 章　快速确定方位 121

11.1　观测飞机进行营救 121

11.2　确定方位 122

11.3　掌握程序中方向对应的方位 125

11.4　用程序判断方位 132

第 12 章　复杂的质数与合数 141

12.1　这是你想要的吗？ 141

12.2　什么是质数，什么是合数 142

12.3　用程序实现判断 145

12.4　拓展增加条件 148

第 13 章　挑战欧几里德算法 150

13.1　最大公约数 151

13.2　电脑真强大 151

13.3　欧几里德算法 152

第 14 章　最小公倍数 157

14.1　计算出最小公倍数 157

14.2　启动程序，3 步解决战斗 158

第 15 章　一招解决分数四则运算 161

15.1　看看 Monet 的成果 161

15.2　分数与分数的四则运算 162

15.3　程序大显身手 163

第 1 章

Scratch 3.0 编程世界

1.1 认识它们两兄弟

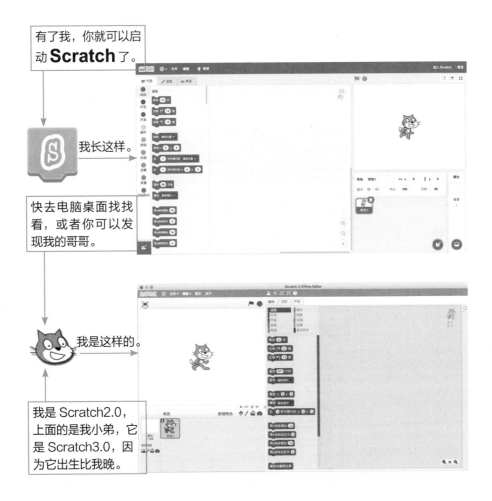

有了我，你就可以启动 **Scratch** 了。

我长这样。

快去电脑桌面找找看，或者你可以发现我的哥哥。

我是这样的。

我是 Scratch2.0，上面的是我小弟，它是 Scratch3.0，因为它出生比我晚。

我们是由 MIT 媒体实验室"终身幼儿园"小组开发的。

有了我们，你可以编写属于你的互动媒体，像故事、游戏、动画等，然后你可以将你的创意分享给全世界。

我们可以帮助年轻人更具创造力、逻辑力、协作力。这些都是生活在 21 世纪不可或缺的基本能力。

1.2 看你能不能找到我

想要找到 Scratch，必须先找到它们住的地方。

这里有一串字母，记录着 Scratch 的家庭住址。

它们住的地方和我们不一样，我们需要使用浏览器才能找到它们。

它们的住址就是网址，在浏览器输入这段。

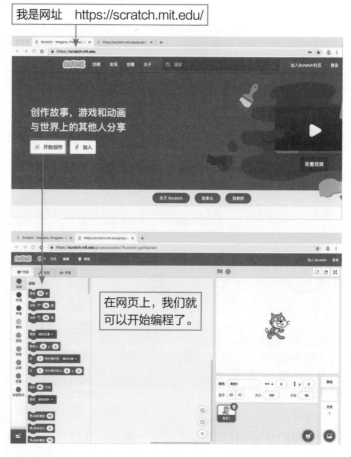

1.3　邀请 Scratch 来我的电脑做客

在网页上进行编程，有时候会因为网速的问题，让我们很烦扰。

所以我希望可以邀请 Scratch 来到我的电脑上。

看看我是怎么做的。

 滚动网页到最底端。

选择简体中文。
这样你可以更容易读懂
网页内容。

点击它，就可以
找到 Scratch 软
件了。

软件可是分系统的哟，看看自己的电脑是什么系统。

Windows 系统

Scratch 桌面软件

安装 Scratch 桌面编辑器后，无需联网即可编辑作品。该版本支持 Windows 和 MacOS。

系统需求

Windows 10+　　macOS 10.13+

选择操作系统：　Windows　macOS

先点击 Windows。

安装 Scratch 桌面软件

1　下载 Scratch 桌面软件

然后点击下载。

2　运行 .exe 文件。

找到下载后的 Scratch 安装包，双击打开进入安装。

第 2 章

10 个数字来报道——认识数字

0 我是 0。

1 我是 1。

2 我是 2。

3 我是 3。

4 我是 4。

5 我是 5。

6 我是 6。

7 我是 7。

8 我是 8。

9 我是 9。

我们就是数字 10 兄弟，前来报道。

2.1 看我们大显身手

这里有 ⑤ 个球。

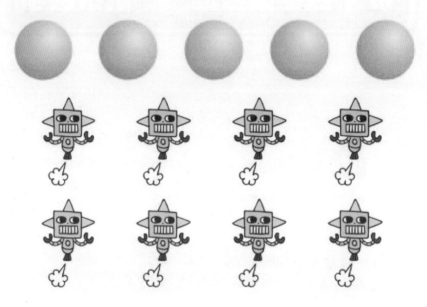

可以用 ⑧ 来表示机器人的数量。

2.2 数一数

数数看，有几个盔甲勇士。

圈出正确的数字。

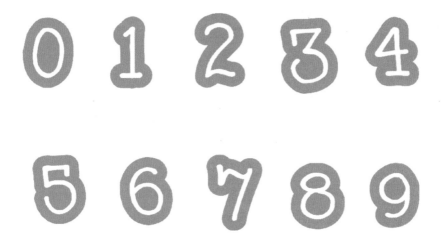

2.3 跟着程序，一起学习数字吧

当你点击数字的时候，它不仅告诉你这个数字该怎么读，还变换了颜色。

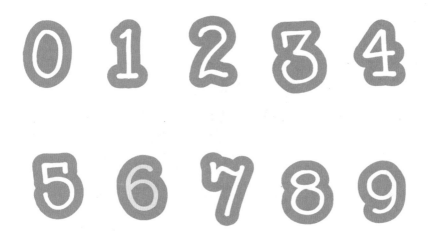

 扫 码
看视频

步骤 1 打开 Scratch 3.0，开始我们的创作吧！

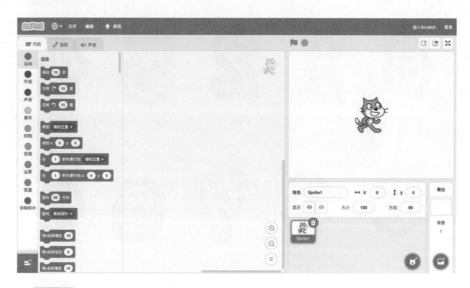

步骤 2 进入角色库，找到数字 0 ～ 9 一个个添加进来。

⇩

数字都添加到舞台后，按住鼠标将它们拖动排排坐。

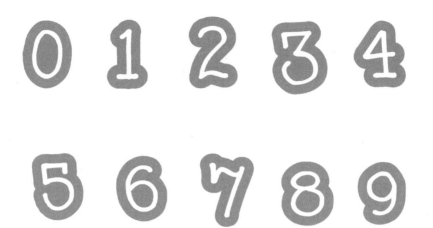

步骤3　录制数字的读音，帮助其他小朋友认识数字，学习数字读音。

选择对应角色

然后点击界面左上角的声音，进入声音模块

点击录制按钮，进入声音录制界面。

开始录制。

录制完成后，点击停止录制。

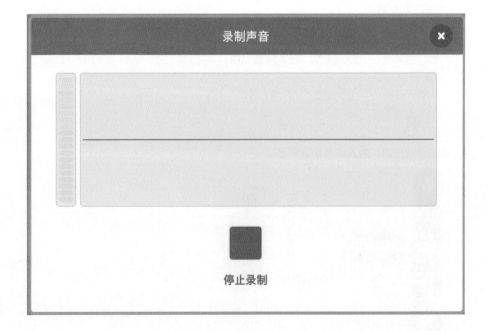

保存录制好的声音，也可以试听看看，是不是你想要的。

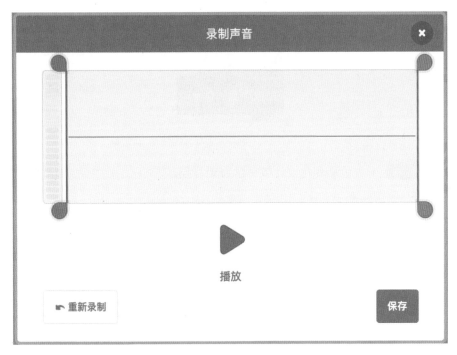

修改声音名字为【0】，这样方便我们知道哪个声音是 0 的读音。

点击声音听听看。

步骤 4　按照数字 0 的声音录制方法，完成其他数字的声音录制。

（快给我的其他小
伙伴录制声音吧！）

步骤 5　点击数字 0，播放读音。

（哈哈，你朗读的挺标准哟！）

步骤 6　来点色彩变化，让数字学习更有趣。

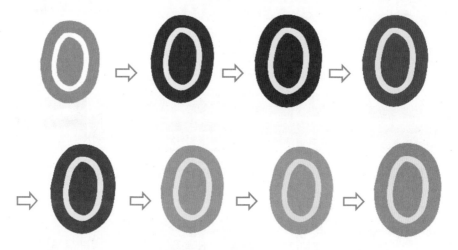

每过 0.1 秒钟，变换一种颜色。

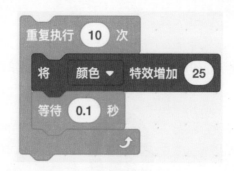

试试修改变换颜色的次数和特效变化的数值，看看有什么不同。

步骤7 最后记得，数字要回到最初的颜色。

这里我们通过将颜色特效设定为 0，回到颜色特效没有改变的状态。

看看代码的最后效果吧！

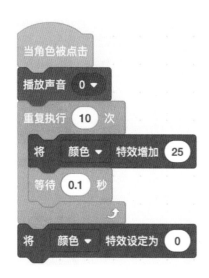

步骤8 完成 0～9 数字的代码，然后尝试点击它们。

2.4 小拓展，变换特效

变换特效效果。

▼鱼眼把 1 变成这样了。

▼漩涡把 2 变成了这样。

▼像素化把 3 变得我都认不出来了。

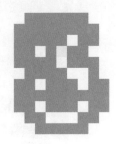

▼看看马赛克的效果，它是这样的。

【思考：特效中亮度和虚像真的是效果一样吗？】

在纯白色背景中，我们发现不断增加亮度和虚像效果，角色都消失了。

但如果是纯黑色背景呢？

亮度不断增加，意味着不断的高亮，从效果上看就像纯白了。

而虚像就像是透明度，越增加越透明，直到消失不见。

第 3 章

识别大小的机器人——比较大小

我叫 Robot，是一个明辨事理的机器人。

我的本领是比较数字大小。快添加我到舞台吧！

我来考考你吧，18 和 16 哪个数字更大呢？

so easy，当然是 18 哟！我可以将答案通过语音的方式说出来，看看我的程序吧！

3.1 创建数字变量

你的芯片里，都安装了什么程序呀？

一起来看看呗。

进行两个数字的比较，首先需要准备两个数字。

步骤 1 创建变量【数字 1】和【数字 2】。

【变量创建三部曲】

（1）在界面左侧找到变量模块并点击。

变量

（2）再点击【建立一个变量】按钮。

建立一个变量

（3）给变量起个好懂的名字。通过名字一眼就知道这个变量代表什么，这很重要！这里起的名字为【数字 1】。

用同样的方法创建变量【数字 2】。

步骤 2 变量创建好了，现在我们将要比较的数字装进变量里。

我们通过【将 ... 设为 ...】积木块往变量里面装东西。

设定变量【数字 1】。

设定变量【数字 2】。

【随机数】

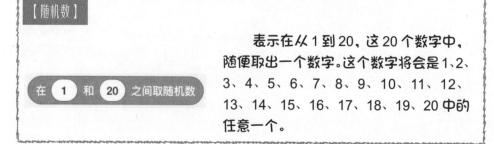

表示在从 1 到 20，这 20 个数字中，随便取出一个数字。这个数字将会是 1、2、3、4、5、6、7、8、9、10、11、12、13、14、15、16、17、18、19、20 中的任意一个。

【随机数小游戏】

　　来玩一个随机数小游戏，感受一下吧！

　　准备 20 张小白纸，一张纸上写一个数字，从 1 写到 20。

　　这样每张小白纸里都有一个数字，将它们揉成纸团，丢进一个小盒子里。

　　将它们丢进纸盒后，摇晃一下纸盒，随便拿出一个纸团。

　　这样就是在 1 和 20 之间取随机数了。

　　如果是 1 ~ 100 之间，那么就需要准备 100 张小白纸，写上 1 ~ 100 个数字。

　　不过我们有了这个积木块，就不用那么麻烦了，它可以很快地帮我们选取随机数。

在 1 和 10 之间取随机数

3.2   大小自动识别

比较【数字 1】和【数字 2】

这是我的核心程序模块——比较大小。

步骤 1   找到运算模块。

运算

步骤 2   拖出大于号积木块。

步骤 3   将数字变量分别放到符号两边。

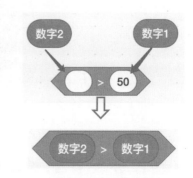

启动，判断。接入【如果，那么】积木块。

【程序逻辑分析】

如果数字 2 大于数字 1

那么执行

说 "数字 2" 大于 "数字 1"

这个简单啦，上节课刚刚学习过了录音。

哈哈，你低估了程序的伟大哟！数字 2 和数字 1，可是要说出它们真实的数字呢。

除非你有未卜先知的能力，否则不可能提前录制声音，我来演示，你看看吧！

扫 码
看视频

啊，说的竟然是 "20 大于 6" 而不是 "数字 2 大于数字 1"。这也太神了吧！

3.3　文字匹配语音

吧啦吧啦，打开拓展功能区，启动文字朗读功能。

步骤 1　打开拓展功能区。

步骤 2　找到文字朗读功能块，点击选中它。

步骤 3　朗读比较结果。

看看组合后的程序是什么样子的吧!

在舞台区点击我

完成两个变量的数字设置,并进行数字大小的比较。

如果【数字 2】>【数字 1】,那么朗读【数字 2】大于【数字 1】。

先朗读【数字 2】,再朗读【大于】,最后朗读【数字 1】。

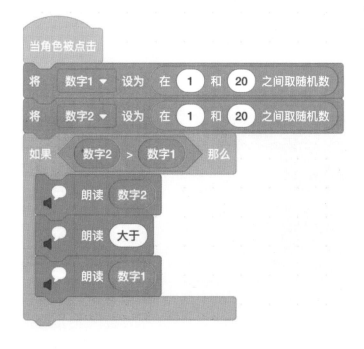

【小提示】

我们朗读的是中文，所以一定记得设置语言哟！

那么还有小于和等于的情况呢?

我们继续往下看。

【小于】

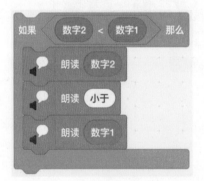

【等于】

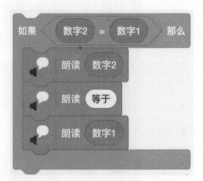

3.4　程序赋予我超能力

点击我，就可以完成数字的大小判断。

这就是赋予我超能力的程序组合啦。

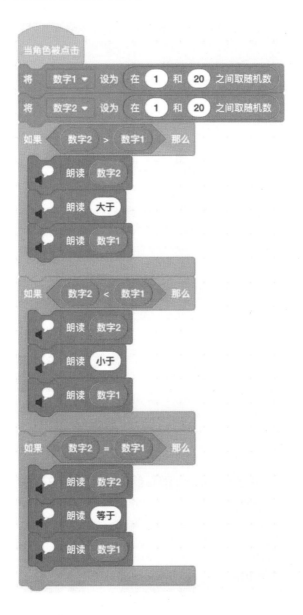

3.5　你也试试吧

可能你想比较的数字已经不是 1 ~ 20 那么简单。

估计要 100 了吧。

在　1　和　100　之间取随机数

或许你已经有了很好的英语基础，试试英语效果，也是挺不错的哟！

将语言切换成 English，修改"大于"为 greater than，修改"小于"为"less than"，修改"等于"为"be equal to"，然后再试试呗！

【小提示】

语言如果设置成了 English，那么朗读就不能是汉字哟！
否则程序也是识别不了的。

我的语言是 English，"大于"是中文，我就不认识？

要设置成中文，我才可以识别它。

我设置的语言是中文，"be equal to"这是什么意思呀，看不懂？

朗读语言设置成为什么语言，后面的朗读文字也必须是对应的语言，否则计算机就看不懂了。

第 4 章

彩色画笔——画个正方形

 我有一支神奇的画笔，它可以画出彩色的图形。

 嘻嘻，炫酷吧！我只用了一支笔就绘制出了一个彩色的正方形。

哇塞，你那画笔怎么那么高级。我要绘制一个彩色图案需要好多彩色笔呢！

 这就是程序的力量。我们先一起来看看图形吧！

4.1　认识图形

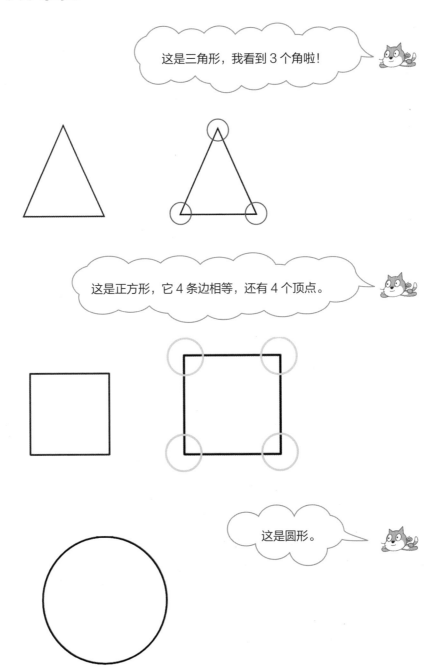

学习了图形，现在用我的画笔来画一画吧！

4.2 来画一个正方形

步骤1 准备一支铅笔。

添加铅笔角色到舞台上

步骤2 先一起来思考一下，我们怎么使用铅笔才可以绘制出正方形。

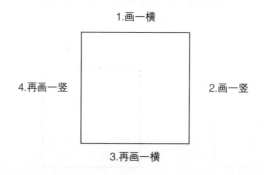

将绘制过程用程序来完成，横着移动可以使用 X 坐标增加，竖着移动可以使用 Y 坐标增加。

程序中的铅笔是连着将正方形画完的。

向右移动 X 坐标增加；

向下移动 Y 坐标减小；

向左移动 X 坐标减小；

向上移动 Y 坐标增加。

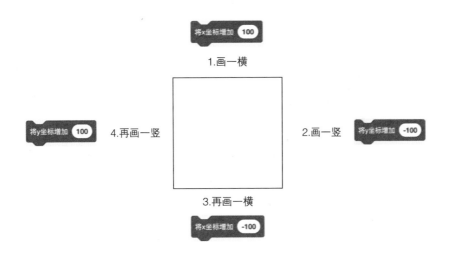

【小提醒】

正方形每条边都是一样长的，所以坐标变化的数值也要一样哟！

步骤 3 给铅笔角色添加画笔的功能。

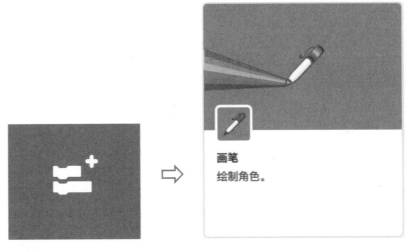

步骤 4 使用画笔功能绘制正方形。

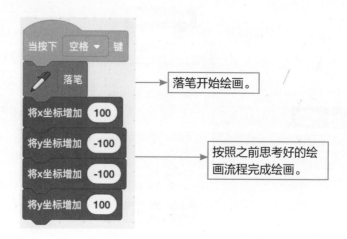

落笔开始绘画。

按照之前思考好的绘画流程完成绘画。

顺利完成正方形的绘制。

4.3 看看我绘制的效果吧

扫 码
看视频

那可是彩色的呢！

4.4 让画笔变换颜色

每完成正方形一条边的绘制，变换一种画笔颜色。

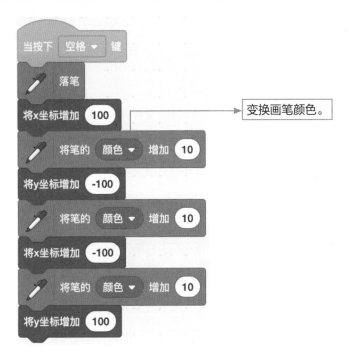

变换画笔颜色。

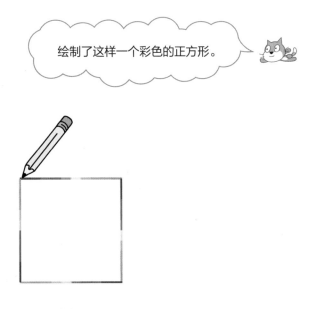

绘制了这样一个彩色的正方形。

4.5　将每一条边进一步拆解

看我增加更多的色彩。

这里我将换一种思路，从坐标的移动变成了移动步数。

步骤1　将移动 100 的坐标值，变成 10 段，每段 10 步。100=10（重复次数）×10（每次移动的步数）。

步骤2　通过改变铅笔角色的移动方向来完成绘制图形。这里不使用 x，y 坐标，我们只能使用方向的变化来控制画笔的移动轨迹。

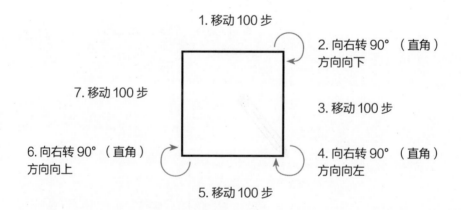

1. 移动 100 步

2. 向右转 90°（直角）方向向下

3. 移动 100 步

4. 向右转 90°（直角）方向向左

5. 移动 100 步

6. 向右转 90°（直角）方向向上

7. 移动 100 步

步骤3　用程序将步骤组合起来。

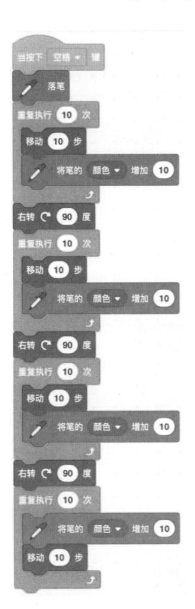

哈哈，终于绘制出了多彩的正方形。

4.6 简化代码

效果我们是达到了，但是看上去代码有点儿复杂，我们将重复的代码使用重复执行来优化吧！

这就是重复嵌套，虽然最后一个移动不需要向右旋转了，但是我们加上不但不妨碍效果的实现，反而可以将画笔的面向方向调整回到了初始状态，同时还可以简化代码。

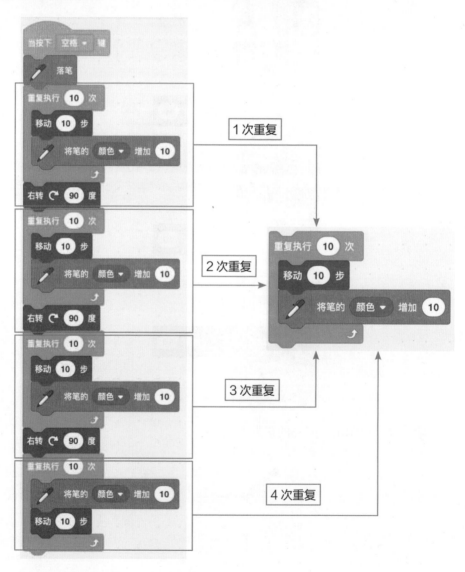

看看简化后的代码是什么样子的吧!

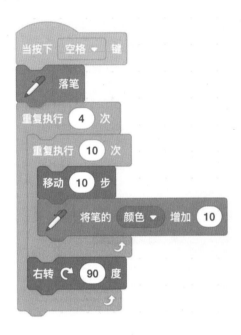

【小提示】

绘制程序我们已经掌握了，但是在绘制前有些设定需要我们牢记。

1. 绘制开始，点击小绿旗记得清空舞台画笔痕迹。

2. 调整画笔角色的大小，使角色适合舞台的大小。

4.7 更多变化

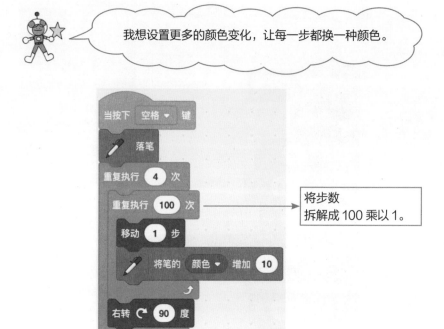

我想设置更多的颜色变化，让每一步都换一种颜色。

将步数
拆解成 100 乘以 1。

这样每一笔都变成彩色了。

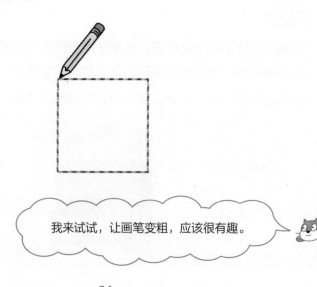

我来试试，让画笔变粗，应该很有趣。

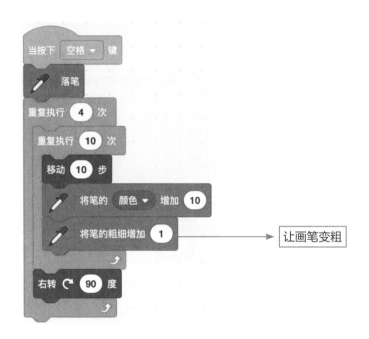

让画笔变粗

额额，这个正方形，有点奇怪。

【小提示】

　　记得在点击小绿旗后，要将画笔粗细调整回来哟，否则一开始画笔就会很粗了。

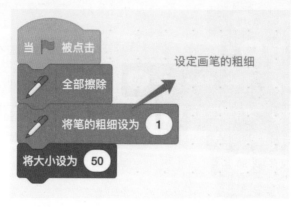

第 5 章

挑战四则运算塔

 自从学习了编程，我的数学成绩都变好了。

真的吗，可以辅导我吗？

 可以呀，我现在镇守编程试炼之地的运算塔，你要不要去试试？

5.1　四个符号各有分工

我是加号，负责加法运算，加起来就越来越多。

1 和 1 在什么时候会等于 2 呢？

在我到了它们中间的时候。

1+1=2。

如果这个加法运算你都不会的话，那可要好好的去补习数学了。

我是减号，负责减法运算，减来减去就没有了。

6 个苹果被吃掉 1 个，就只剩 5 个了。

6-1=5，如果再吃掉 5 个，就是 6-1-5=0，1 个苹果都不剩了。

我是乘号，负责乘法运算，我有大神通。

如果有一天，你被罚抄课文。

你可能需要一遍一遍的抄，就像这样，

1+1+1+1+1+1+1+1+1+1=10。

但是有了我就可以 1×10=10，看我一下就搞定了。

我还有个九九乘法表，你背熟了吗？

1×1=1								
1×2=2	2×2=4							
1×3=3	2×3=6	3×3=9						
1×4=4	2×4=8	3×4=12	4×4=16					
1×5=5	2×5=10	3×5=15	4×5=20	5×5=25				
1×6=6	2×6=12	3×6=18	4×6=24	5×6=30	6×6=36			
1×7=7	2×7=14	3×7=21	4×7=28	5×7=35	6×7=42	7×7=49		
1×8=8	2×8=16	3×8=24	4×8=32	5×8=40	6×8=48	7×8=56	8×8=64	
1×9=9	2×9=18	3×9=27	4×9=36	5×9=45	6×9=54	7×9=63	8×9=72	9×9=81

我是除号，负责除法运算，我可不简单哟!

如果说 2×3=6，

那么 6÷2=3。

我是乘法的逆运算。

虽然我不可以像减法那样吃掉苹果，但是我可以帮你分苹果。

今天家里来了 4 个小伙伴，我有 8 个苹果，要如何分给每位小伙伴呢？让他们手上的苹果一样多，因为我们都是好朋友，有好吃的，要大家都吃一样多。

先给每个小伙伴发 1 个，一遍发了 4 个，再给每个小伙伴发一遍，每个小伙伴又多了 1 个。

8 个苹果分给 4 个小伙伴，最后每个小伙伴得到了 2 个苹果。

8÷4=2。

榨成苹果汁更好分呢。

| 特别注意 | **在计算中乘号变成了这样** |

就是键盘里面数字 8 上面的 * 符号，同时按下键盘上的 Shift 按键和数字键 8 就会出现哟！

除号也发生了变化。

变成一个斜杠（/），注意斜杠的方向哟！反了可是错误的。

\ ×

/ √

它在？号的位置。

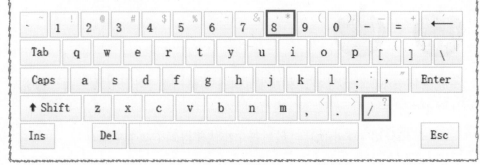

5.2　快来算一算

5+8= ？

答案：

16-9= ？

答案：

6×5= ？

答案：

10÷2= ？

答案：

看看答案，你都计算正确了吗？

（1）13

（2）7

（3）30

（4）5

5.3　四则运算程序跑起来

这个小程序不仅可以自动进行加减乘除四则运算，还可以通过滑轮调整数字，按要求帮我们计算，并且可以在加减乘除中随意切换。

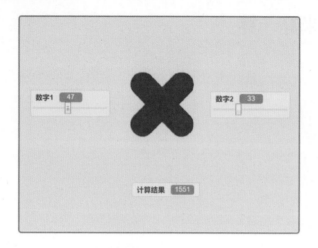

扫　码
看视频

5.4 用程序征服四则运算

步骤 1 打开 Scratch 3.0 软件，删除小猫咪角色。

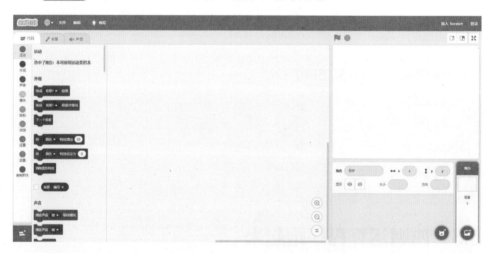

步骤 2 上传这个小程序的主角——四则运算符角色。

不过这次的角色有点儿不一样，它们来自电脑文件，需要我们上传到软件，并且这个角色是由 4 张图片组成，每张图片代表一个符号造型。

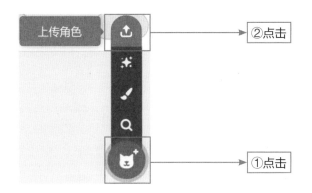

步骤 3 打开电脑文件后，我们需要找到图片所在的文件夹，选中【加号】添加进来。

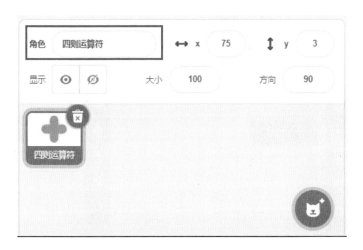

　　记得哟！修改角色名称【加号】。由于【加号】仅仅是这个角色中的一个造型。而四则运算符角色是由【加号】、【减号】、【乘号】、【除号】四个造型组成。

　　那么现在我们还需要将其他造型也都添加到角色中。

步骤 4 点击软件界面左上角的造型标签，切换到角色的造型板块。

步骤5　点击上传造型，添加其他 3 个造型图片。

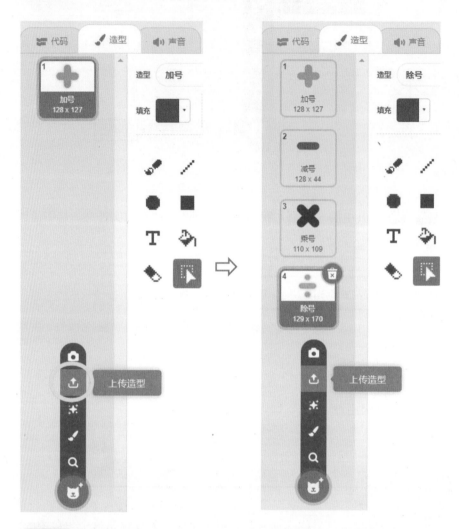

步骤6　如果你喜欢，还可以添加一个合适的背景，选择播放一首轻音乐。现在我们要进入主题了……

步骤7　在开始写代码之前，我们需要做些准备工作。需要准备什么呢？

准备数字，加法有两个加数，减法有减数和被减数，乘法有两个乘数，除法有除数和被除数，它们都是由两个数字参与计算的。

同时还有一个数字别忘记了，用来存放结果的，所以我们一共要准备 3 个数字。

【我是怎么想到有 3 个数字的呢】

看算式，2+3=5，5-2=3，2 × 3=6，6 ÷ 2=3。

运算两边各有一个数字，等号的右边还有一个，一共三个数字。

当我们不清楚的时候，就举例子看看，你就会找到规律。

步骤 8　创建 3 个变量用来作为数字，记得勾选上它们，这样才可以显示在舞台区。

步骤 9　将变量和角色在舞台区摆放好，感觉就像是在做运算一样。

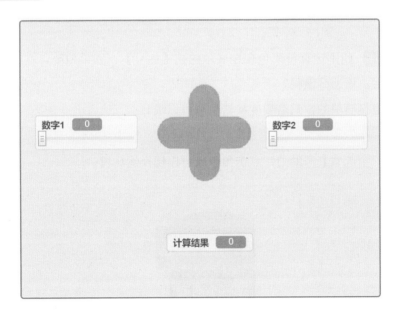

是不是你的变量样子和我的不一样,试试双击舞台区的变量,或者右击变量,你就会发现秘密了。

步骤 10 初始化数字。通过小绿旗启动，将变量【计算结果】设为空，将变量【数字 1】和变量【数字 2】设置为 1 ～ 100 之间的随机数。

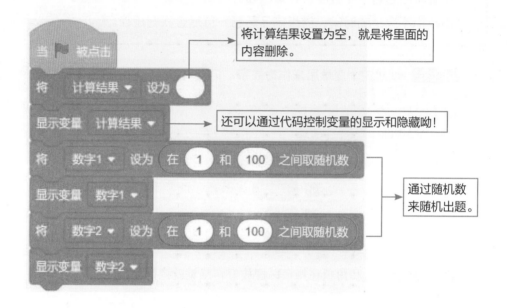

步骤 11 四则运算符角色现在展示的是【加号】，如果想要，在四则运算中任意切换，该怎么做呢？

想想也挺简单的，只需要变换造型就可以啦！

【下一个造型】来助力，点击角色就可以切换运算符。

步骤 12 试试效果，检查一下代码有没有生效。

点击一下，减号成功。

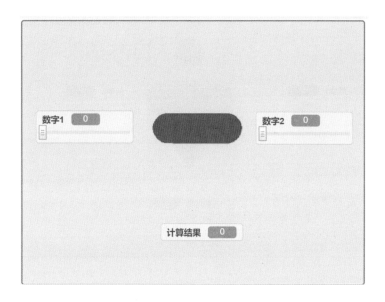

再点击一下，乘号成功。

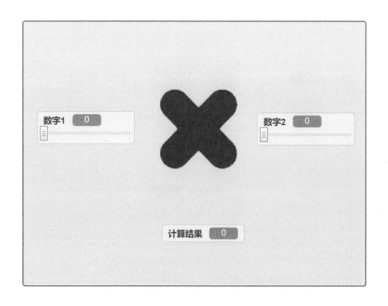

再次点击，除号成功。

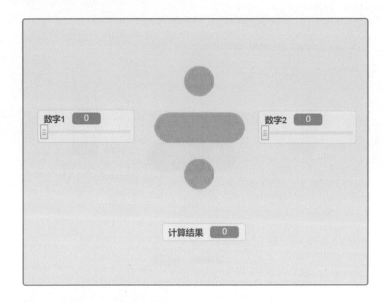

再点击一下，回到加号，成功。

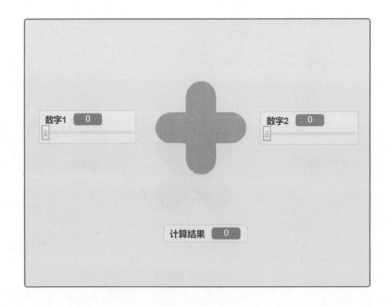

好的，测试通过，四则运算都能正常切换。

步骤 13　接下来，我们要面对的就是这个程序最复杂的部分了，进行运算。
Scratch 中还有一个运算模块专门来帮助我们解决运算问题，真是太棒了。

从里面找到四则运算的代码块，安排它们统统就位，准备接下来的任务。
加法运算就位。

减法运算就位。

乘法运算就位。

除法运算就位。

步骤 14 报告出现问题，程序不知道什么时候要启用加法运算，什么时候要启用乘法运算。

对了，程序可不知道我们什么时候要做加法，什么时候要做减法。不过我们通过造型的切换已经实现了符号的变换，现在我们要让符号对应运算。

通过造型名称来判断我们要进行什么运算。

记住每个符号的造型名称哟！

当造型名称是【加号】的时候，程序进行加法运算。

计算结果 = 数字 1+ 数字 2。

当造型名称是【减号】的时候，程序进行减法运算。

计算结果 = 数字 1 - 数字 2。

当造型名称是【乘号】的时候，程序进行乘法运算。

计算结果 = 数字 1 × 数字 2。

当造型名称是【除号】的时候，程序进行除法运算。

计算结果 = 数字 1 ÷ 数字 2。

步骤 15 所有运算都已经完毕，将它们拼接起来，通过空格键控制进行运算。

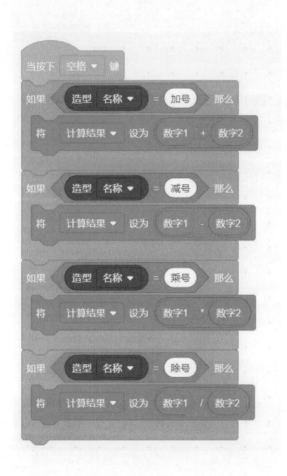

步骤 16 到这里，我们的程序就结束啦！快去测试一下程序是否正确吧！

将加、减、乘、除法各计算 6 次，对比每次计算结果和真实答案是不是一样。如果都是一样，应该是可以说明你的程序是正确的，只要有一次错误，那么程序就是错误的，需要仔细检查。

5.5 小拓展——变量滑杆操作

相信一定有小朋友发现了一个不同点。

为什么这几个变量的形态不同。

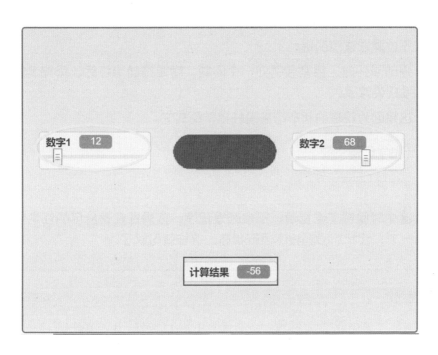

接下来，我们点击变量看看，双击舞台上的变量【数字 1】（是舞台上的变量哟）。

大字显示形态

正常显示形态

滑杆显示形态

【滑杆显示形态】

移动变量上的滑杆可以调整数字的大小，数字可以从 0 到 100 之间发生变化。这就可以自由地控制要计算的两个数字了。

不过需要注意的是：

拖动滑杆时，经常会遇到一个问题，就是拖动滑杆后，再按下空格你会发现失效了。

这是因为现在的状态还在滑杆操作模式下。

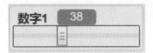

这个时候按下空格键，不会触发程序，你需要在舞台区的任意位置点击一下，让状态回到程序运行状态，这样就可以了。

第6章

我是一个时间小工匠

完蛋了，我家的时钟坏了，这样我就不知道时间了。

别担心，让 Scratch 来帮你。

它怎么帮我呀？

它可是无所不能的哟！我们一起用它创造一个时钟吧！

哇塞，真的这么神奇吗？

6.1 制作前，我们需要了解时钟

记住，它有一个表盘，上面标记着时间数字，还有三根指针。

三根指针分别是：

时针：在这个时钟上是那根蓝色的，它最粗、最短，指向现在几点了。

分针：在这个时钟上是绿色的那根，表示现在是几分钟。

秒针：在这个时钟上就是红色那根，它最长、最细，走得还最快，表示时间一秒一秒的过去了。

6.2　考考你

如果你不会看时间，有了时钟也没用。

看看下面的时钟分别表示几时几分？将你的答案写在白纸上，然后核对是否答对。

首先你要分清楚哪根是时针，哪根是分针。

（1）

（2）

（3）

公布答案了，你答对了吗？

（1）9 时整。

（2）3 时 30 分。

（3）8 时 20 分。

6.3 指针旋转角度的奥秘

你知道 1 小时等于多少分钟吗？

1 分钟等于多少秒吗？

so easy，这个我闭着眼睛都会背了，1 小时等于 60 分钟，1 分钟等于 60 秒。

但是你知道

1 秒钟，秒针走了多少度吗？

哦哦，这可把我难住了。

哈哈，我们一起来分析一下吧！

钟表是个圆，圆一周是 360 度。认真观察所有的指针是不是都是围绕这个圆在旋转呢。

每根指针都是在旋转 360 度，但是它们旋转的速度不同，旋转角度也不同。

时针，走完一圈需要 12 个小时，也就是说它 12 个小时才走 360 度。

分钟，走完一圈用了 60 分钟，它 60 分钟走完 360 度。

秒针，走完一圈只需要 60 秒钟，60 秒就能走完 360 度，它是最快的。

时针表示小时，分针表示分钟，秒针表示秒。

如果我们想要用指针表示时间，就要知道它们对应时间指向的位置。

现在时间 2 点整，时针指向数字 2，分针指向 12。

我们来做个假设：如果钟表的指针一开始都指向 12。

接下来，计算出时间对应指针需要旋转的角度，就可以指挥指针指向正确的数字了。

（1）时针

12 小时，时针旋转 360 度，那么每小时呢？

使用除法 360÷12=30。

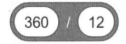

（2）分针

60 分钟，分针旋转 360 度，那么每分钟旋转多少度呢？

用 360÷60=6。

（3）秒针

秒数也是一样的，秒针走完一圈 360 度需要 60 秒，那么每秒需要旋转的角度就是 360÷60=6。

计算出的角度是：

时针每小时走 360÷12=30 度；

分针一分钟走 360÷60=6 度；

秒针一秒钟走 360÷60=6 度。

6.4　看看我的钟表吧

扫码看看效果

扫　码
看视频

6.5　来吧！用程序做个钟表

打开 Scratch 3.0 软件，删除小猫咪角色，然后创作我们自己的钟表。

步骤 1　现在我们什么都没有，只有 Scratch。动手绘制属于自己的钟表，使用角色添加中的绘制功能。

步骤2　进入画板状态后，使用圆形工具画表盘。

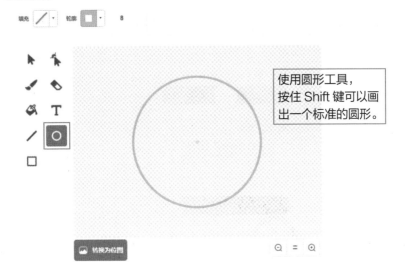

使用圆形工具，按住 Shift 键可以画出一个标准的圆形。

看看这些工具，可以让你画出不同色彩的表盘。

数字表示轮廓的粗细，数字越大轮廓越粗。

调节绘制图形的轮廓颜色。

调节绘制图形的填充颜色。

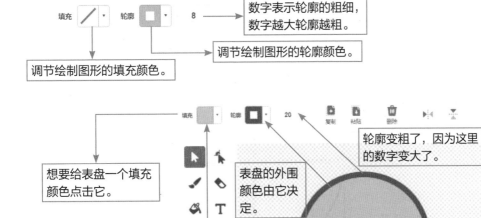

想要给表盘一个填充颜色点击它。

表盘的外围颜色由它决定。

轮廓变粗了，因为这里的数字变大了。

如果想要使用透明色，就选择它。

步骤 3 绘制好了表盘之后，将表盘移动到画板的中央。

使用选择工具拖动表盘，使得 4 个点的连线经过造型的中心位置。

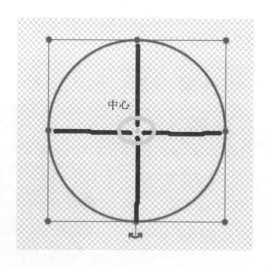

这样就可以保证表盘在中心位置了。

步骤 4 完成表盘后，写上时间数字，回想一下表盘中每个数字的位置。

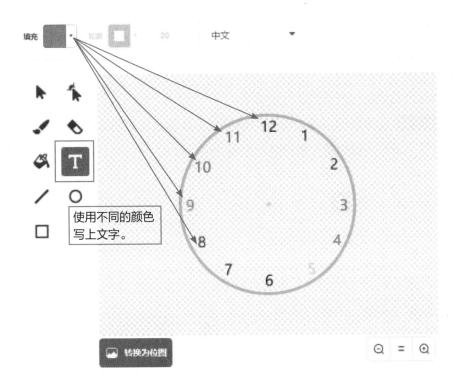

使用不同的颜色写上文字。

如果数字错乱了，我相信大家会一头雾水的。

啊，天哪，这钟表看不懂！

使用小箭头形状的选择工具，可以拖动文字到合适的地方。将它们一个个摆放好。

步骤 5 完成了表盘制作任务，相当于我们已经完成了一半，接下来开始绘制指针、时针、分针、秒针我们一根一根地来。

使用绘制工具创建 3 个角色，分别写上名字——时针、分针、秒针。

创建角色后，我们从时针开始绘制。

步骤 6 使用线段工具，按住 Shift 按键，绘制出竖直的线段。

时针是最短、最粗的一根指针，要抓住这个特点。

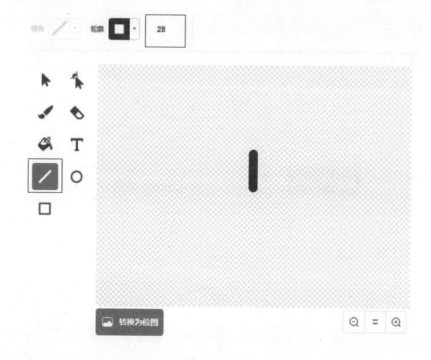

绘制的时候注意将指针的起点和造型的中心点重合，如果绘制的时候不重合也可以选中时针，拖动到重合位置。

这样才可以保证指针在表盘的中央。

步骤7 继续绘制分针和秒针，这样一个钟表就完成啦！

花费了很多工夫来设计钟表和指针，不过这个可是我们原创的，比用别人的图片要好很多。

你还可以尝试做出与众不同的表盘，正方形的、心形的，等等。

还可以添加很多小图案。

步骤 8 可以在舞台上看到这些角色，可能有点儿乱，我们将它们摆放好。可以直接拖动到合适的位置，这里使用坐标来固定它们的位置。

将表盘、指针固定在舞台的中央。

如果你绘制的时候造型中心都是一样的话，这样就可以了，如果造型中心不一样就需要自己拖动调整。

步骤 9 代码编写时间到。

之前我们已经掌握了指针的旋转角度，现在只需要知道当前的时间，就可以轻松地计算出指针的角度了！

真是太棒了，Scratch 竟然有这个积木块，可以知道当前时间。

它就在侦测模块中，它可以知道年、月、日、时、分、秒还有星期。

步骤 10　将之前的数学公式变成代码。

时针一小时旋转 360÷12=30 度。

那么如果现在是 9 小时，就是 9×30=270 度。

时针绘制的状态是面向 90 度，指向上方。

那么每次重新计算，时针的度数都需要从开始计算。

先让指针回到指向上方位置，然后再旋转对应的角度，这样旋转度数就不会叠加了。

为了让时间可以一直计算，套上一个重复执行。

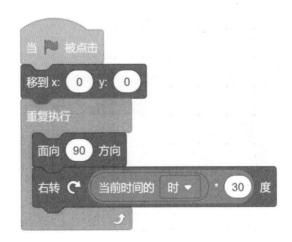

哦耶，这就完成啦！

步骤 11 下一步完成分针。

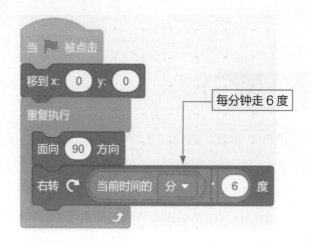

每分钟走6度

步骤 12 收尾工作，完成秒针。

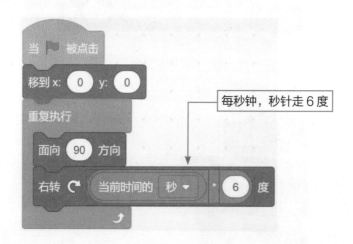

每秒钟，秒针走6度

步骤 13 这样就完成了钟表，点击小绿旗和现在的时间进行比较，看看是不是准确的。

6.6　排查小错误

如果发现你的指针是胡乱旋转,那么应该是你的指针造型中心出现问题了,或者你设置的旋转角度有错误。

角色是围绕中心旋转的,所以你的造型中心需要在指针的底部位置。

如果代码是这样,那么旋转是停不下来的,因为程序在不停地执行旋转。

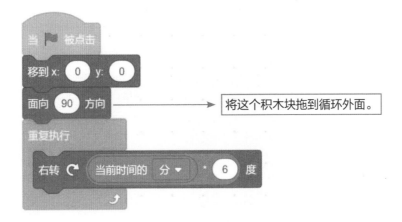

将这个积木块拖到循环外面。

6.7 思考一下

其实这个钟表还不够精准，对比一下真实的钟表，看看时间在每个整点 50 分的时候，真实钟表时针的指向和程序中的时针指向有什么区别？

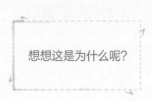

想想这是为什么呢？

第 7 章

精准的营救计划

收到紧急求救信号，有小鸟落水了。

现在需要控制救援船定位落水小鸟的具体位置，然后驾驶救援船前去营救。

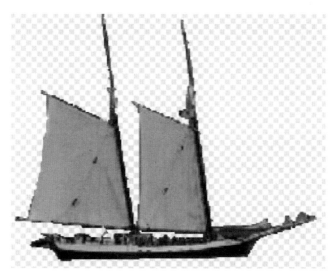

发送定位器，精准确定落水小鸟的位置，然后实施营救。

7.1 坐标定位

在教室中找位置

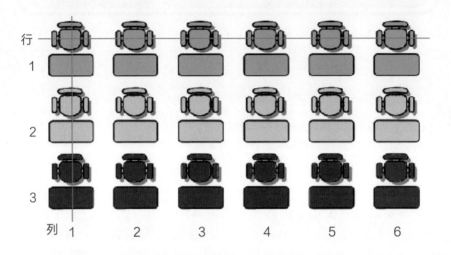

新学期到了,我的位置是第 3 列,第 2 行,你能帮我找到位置吗?

我们把横排叫作行。

确定行的时候,一般从前往后数。

把竖排叫作列。

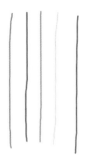

确定第几列的时候，一般从左往右数。

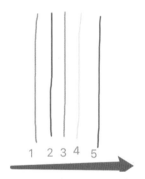

先找第 3 列，再找第 2 行，列和行会有一个交点，这样就找到了正确的位置。

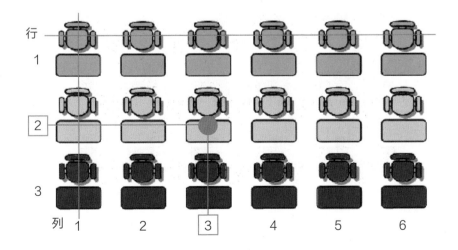

数对

第 3 列、第 2 行也可以用数对表示（3，2）。

3 表示第 3 列，3 表示第 2 行。

用数对表示位置时，一定要注意列数在前，行数在后。

书写格式是（3，2）。

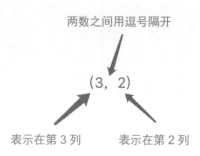

两数之间用逗号隔开

(3，2)

表示在第 3 列　　　表示在第 2 列

电影院找位置

电影票上写着座位是第 5 列，第 3 行，数对表示是（5，3）。

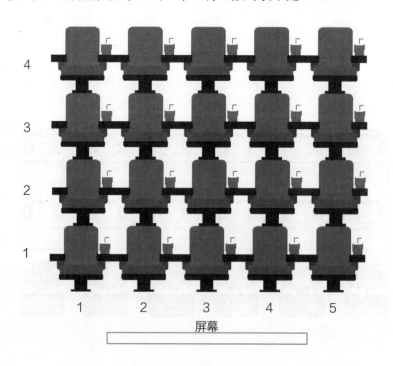

屏幕

找一找，先找第 3 行，然后从行数开始数位置，第 3 行的第 5 个位置就是我的位置了。

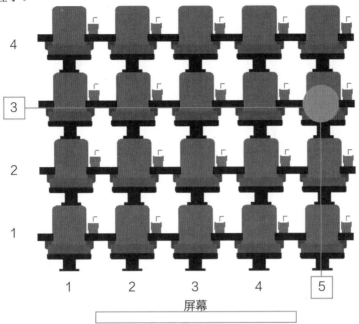

屏幕

动物园找展览馆

用数对的形式将展览馆的位置标注在地图上。

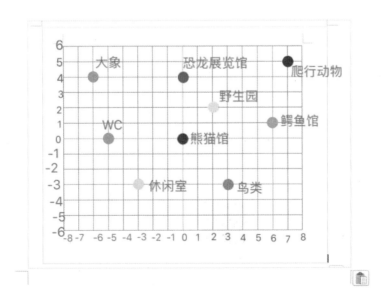

对照看看你的标注正确吗？

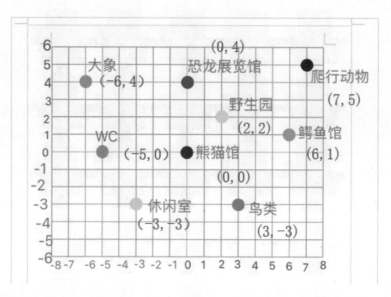

大象（-6，4），WC（-5，0），休闲室（-3，-3），恐龙展览馆（0，4），熊猫馆（0，0），野生园（2，2），鸟类（3，-3），鳄鱼馆（6，1），爬行动物（7，5）。

在这里，列和行出现了负数，我们会使用这样的方式来确定位置，我们把它叫作坐标。

熊猫馆是中心位置，它记录为（0，0）。

括号里的第一个数字叫作 x 坐标，第二个数字叫作 y 坐标。

7.2 模拟营救方案

扫码看看，我的营救方案。

扫　码
看视频

7.3　编写营救程序

准备工作

步骤 1　完成项目准备工作，添加角色搜救船和落水的小鸟。

搜救帆船，你也可以自己绘制一艘快艇。

小鸟角色

步骤 2　添加一个坐标背景，这样更有利于我们寻找位置。

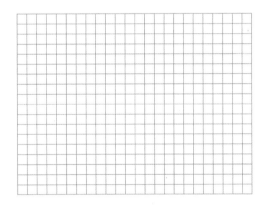

步骤 3　我还绘制了两个定位仪角色，其实就是两个小红圈，让营救更精准。一个定位仪用来确定小鸟的 x 坐标，另一个定位仪用来确定小鸟的 y 坐标。通过这两个定位仪就可以让营救更精准。

x坐标定位仪　　y坐标定位仪

开始编写代码

步骤1 用程序模拟落水的小鸟。

在小鸟角色下编写代码。

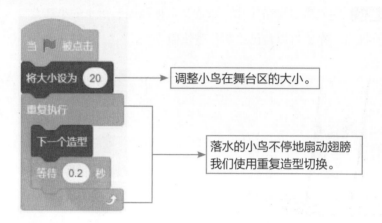

调整小鸟在舞台区的大小。

落水的小鸟不停地扇动翅膀 我们使用重复造型切换。

步骤2 定位仪的功能，让定位仪寻找落水的小鸟。

定位仪一开始是在搜救船上的，所以我们需要将定位仪固定在搜救船的位置。

来到【x坐标定位仪】角色。

将定位仪移动到搜救船。

按下空格键，定位仪发射出去寻找落水小鸟。

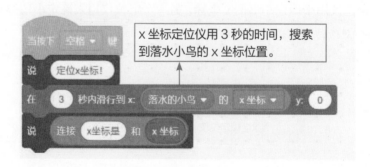

x坐标定位仪用3秒的时间，搜索到落水小鸟的x坐标位置。

【如何获取其他角色的属性】

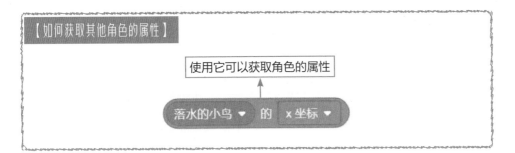

使用它可以获取角色的属性

落水的小鸟 ▼　的　x 坐标 ▼

继续完成【y 坐标定位仪】角色的代码。

y 坐标定位仪也是从搜救船发射出去的，先通过代码将它移动到搜救船上。

y 坐标定位仪，精准确定落水小鸟的 y 坐标。

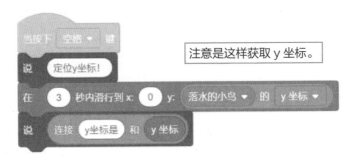

注意是这样获取 y 坐标。

【注意！】

　　定位仪在 3 秒内滑行到的位置，定位 x 坐标的定位仪变化的是 x 坐标，定位 y 坐标的定位仪变化的是 y 坐标。

　　获取到落水小鸟的 x 坐标要放到滑行积木块 x 坐标的位置，

　　获取到落水小鸟的 y 坐标需要放到滑行积木块 y 坐标的位置。

x 坐标位置

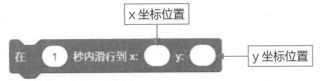

y 坐标位置

步骤 3 点击小绿旗，然后按下空格键，看看 x, y 定位仪的定位准不准确。定位仪发射前去确定落水小鸟的精准位置。

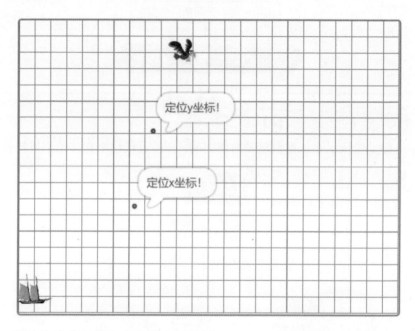

3 秒钟快速确定落水小鸟的坐标位置。

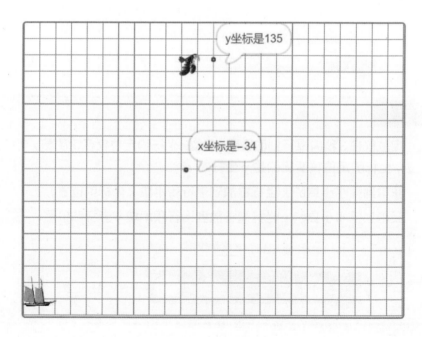

步骤4 确定坐标位置后，搜救船询问落水小鸟的具体坐标位置。

来到搜救船角色，编写询问坐标代码。

千万不要输入错误的坐标位置，因为坐标位置出错了，搜救船就找不到小鸟了。

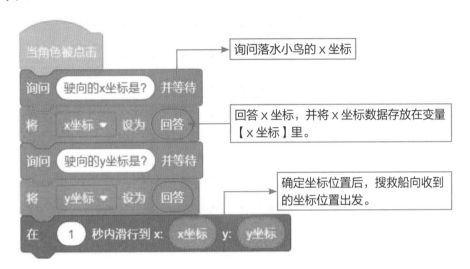

询问落水小鸟的 x 坐标

回答 x 坐标，并将 x 坐标数据存放在变量【x 坐标】里。

确定坐标位置后，搜救船向收到的坐标位置出发。

步骤5 小鸟得救了，小鸟发出感谢。

来到小鸟角色，编写小鸟得救和感谢的代码。

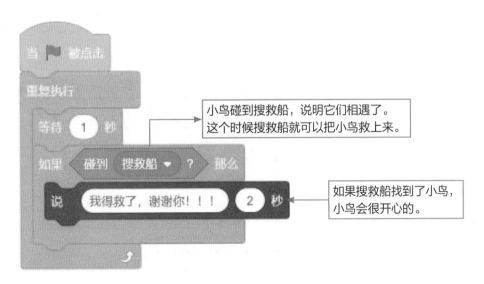

小鸟碰到搜救船，说明它们相遇了。这个时候搜救船就可以把小鸟救上来。

如果搜救船找到了小鸟，小鸟会很开心的。

到这里，我们模拟营救的程序就完成了，赶快去验证一下吧！

7.4 增加一个代码块，改变小鸟的位置

测试发现，落水小鸟的位置都没有发生变化，这样的模拟是不准确的。

可以通过点击，让小鸟的位置发生变化，点击小鸟一次，位置随机变化一次。

第 8 章

奇偶傻傻分不清楚

最近在学校学习了奇数和偶数，今天打算用 Scratch 来做一个智能识别器。

 咿，你怎么做到智能识别奇数和偶数呢？

看我的吧！你只要输入数字，我编写的程序就能判断出是奇数还是偶数。

8.1　我们一起去验证一下

扫码看看效果

扫　码
看视频

8.2　什么是奇数，什么是偶数

能够被 2 整除的整数，叫作偶数，也可以叫作双数。

奇数是指不能被 2 整除的数，通常叫作单数。

8.3 考考你，判断下面数字是奇数还是偶数

（1）3　　　　　　奇数　　　　偶数

（2）88　　　　　　奇数　　　　偶数

（3）12345　　　　奇数　　　　偶数

（4）23658　　　　奇数　　　　偶数

（x 表示不知道中间的数字是什么。）

（5）2xxx56　　　　奇数　　　　偶数

（6）6xxx21　　　　奇数　　　　偶数

（7）0　　　　　　奇数　　　　偶数

上面的考题难倒你了吗？

看看正确答案吧

（1）3 是奇数，除以 2 余数是 1，不能整除。

（2）88 是偶数，除以 2 余数是 0，可以整除。

（3）12345 是奇数，除以 2 余数是 1，不能整除。

不过 12345÷2 这个计算，让我挺费力了。

（4）23658 是偶数，除以 2 余数是 0，可以整除。

好难计算呀！如果数字越大，就越难去计算了。

（5）2xxx56 是偶数。

明明中间有 3 个未知的数字，猜猜我是怎么知道是奇数还是偶数的。

其实要能被 2 整除，那么这个数字的末尾上的数字应该是 0，2，4，6，8。

而奇数上末尾的数字就是 1，3，5，7，9。

通过观察末尾的数字就可以知道这个数是奇数还是偶数了。

（6）6xxx21 是奇数，因为末尾上的数字是 1。

（7）0 也是偶数。

掌握两个判断奇数和偶数的方法：

第一种方法，除法求余数，判断奇数和偶数。

用一个数字除以 2，如果余数是 0，那么是偶数；如果余数是 1，那么是奇数。

第二种方法，看一看就知道是奇数还是偶数。

如果数字个位上是 0，2，4，6，8 这些数字，那么它就是偶数。

如果数字个位上是 1，3，5，7，9 这些数字，那么它就是奇数。

8.4 看看程序的智能力量

用余数来判断。

计算的运算速度超级快的，很多复杂的除法，我们可能很难计算，但是计算机可以快速地计算出结果。所以使用这个方法对计算机来说还会更快呢！

步骤 1 点击小猫咪启动询问，你只要输入数字就可以了。

步骤 2 接收到回答后，我们通过获取除以 2 的余数来判断。

Scratch 的运算模块中，就有这样一个计算积木块可以快速帮助我们。

真是太完美了。

这样就可以获取到余数了。

步骤 3 接下来，开始判断余数是等于 0，还是等于 1 吧！

如果余数等于 0，那么说出回答是偶数。

这里我们使用朗读积木块，在安静的程序中来点儿声音是一件很美妙的事情。

将它放入那么中。

如果余数等于 1，那么说出回答是奇数。

步骤 4 　最后将它们按照顺序全部拼接起来，这个程序就完成了。

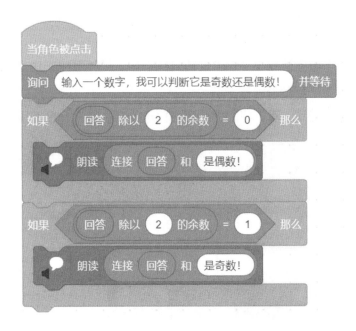

步骤5 点击小猫咪,启动程序,然后输入数字试试看,测试程序是否正确。

给你一些数字测试:

6

8

23

876

4535

123456

你也可以想些数字试试。

数字可千万别超级大哟,计算对它来说不是问题,但是朗读出来可能会难倒它。

思考一下：

其实一个数字除以2，它的余数只有0和1两种可能。也就是说，一个数字不是奇数就是偶数。

根据这个结论，我们将上面的程序修改一下，使用一个如果，那么，否则。

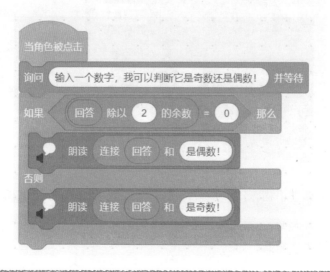

8.5 拓展一下，用程序看尾数

这个功能让我来吧！

步骤1 添加一个机器人角色，在它身上编写火眼金睛的脚本。

【第一个问题】我们需要程序找到末尾的数字。

虽然眼睛一眼就能看出来，但是计算机就做不到了，很多情况下人类大脑还是比计算机强。

步骤2　找到末尾数字，这个需要思考一下。

在运算模块中，有两个积木块可以帮助你。

这个积木块可以获取到指定位置的字符或者数字。

apple 的第一个字符是 a。

123456 的第 6 个字符，也就是末尾数字是 6。

【第 2 个问题】现在可以获取到数字中的任何一位数字，但是怎么才知道最后一位是第几个字符呢？

第二个积木块可以帮助你。

apple 一共有 5 个字符，那么最后一个就是第 5 位了，它可以知道字符串总的字符数。

试试数字吧！

7 是第 8 位数字，这样我们就知道最后一个数字是第几位了。

将它们组合起来，获取到一个数字末尾上的那个数字。

7 获取正确。

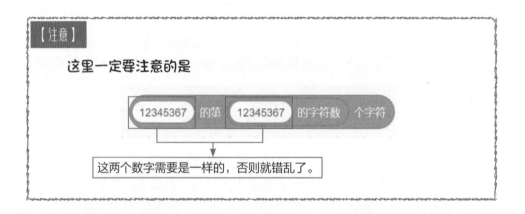

【注意】

这里一定要注意的是

这两个数字需要是一样的，否则就错乱了。

步骤3 开始判断尾数。

（1）如果末尾上的数字等于 1，那么就说是奇数。

（2）如果末尾上的数字等于 3，那么就说是奇数。

（3）如果末尾上的数字等于 5，那么就说是奇数。

（4）如果末尾上的数字等于 7，那么就说是奇数。

（5）如果末尾上的数字等于 9，那么就说是奇数。

（6）如果末尾上的数字等于 2，那么就说是偶数。

（7）如果末尾上的数字等于 4，那么就说是偶数。

（8）如果末尾上的数字等于 6，那么就说是偶数。

（9）如果末尾上的数字等于 8，那么就说是偶数。

（10）如果末尾上的数字等于 0，那么就说是偶数。

步骤 4 最后将它们依次拼接起来，用一种判断方法编写完成。

在程序编写中，我们可以多多思考，条条大路通罗马。

步骤 5 测试程序是否正确，输入以下数字进行判断。

（1）91 答案：奇数

（2）105 答案：奇数

（3）0 答案：偶数

（4）12398 答案：偶数

（5）4587283947583428 答案：偶数

（6）你自己也可以随便写一个。

8.6 你可能会忽略的问题

你可能会在输入一串数字后，却得不到答案。

这个时候，可能是你的数字后面多了一个空格。

正确，数字后面无空格。 错误，数字后面多了空格，这个错误不容易发现。

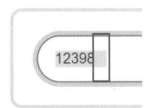

第 9 章

换个方式画长方形

Kiran，你在那干嘛呢?

我在画长方形、正方形呢。

你可以试试用程序来画，不仅可以画出图形，还可以计算出它们的面积和周长呢。

我怎么没想到呢，这就打开 Scratch。

9.1　长方形是怎么画出来的

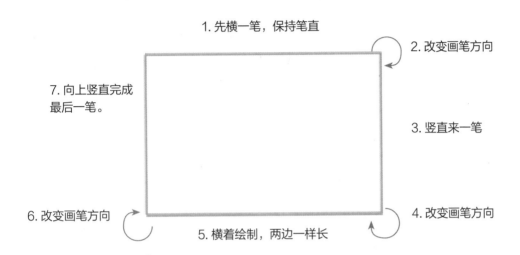

绘制的时候,需要注意长方形的性质,只有保持了这样的性质它才是长方形。

（1）两组对边分别平行。

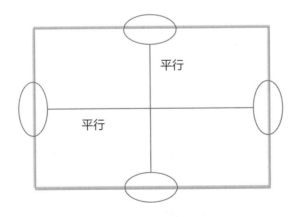

（2）两组对边长度分别相等。

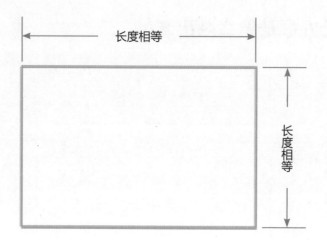

（3）四个角都是直角。

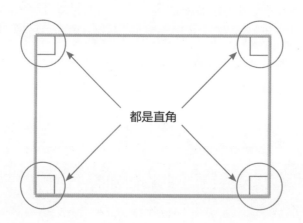

9.2 程序是这样绘制的

扫 码
看视频

9.3　按步骤编写程序

先准备好画笔工具。

步骤 1　删除小猫咪角色，创建一个空白角色用来作为画笔。

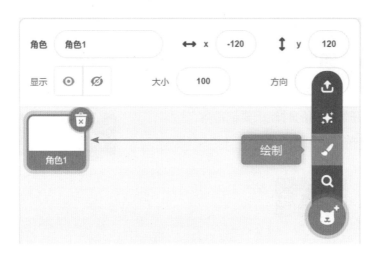

步骤 2　从扩展模块中找到画笔功能模块，并添加进来。

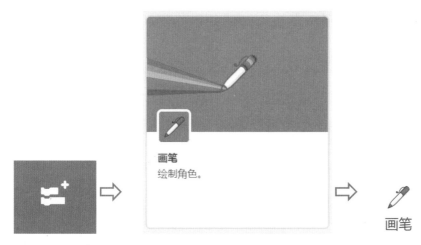

在开始绘制前，我们还需要掌握一些小技能。

（1）设定画笔的颜色。

（2）调节画笔的粗细。

（3）开始绘制的时候，要记得落笔，只有笔落到的纸面才能绘制。

（4）绘制完成后，记得抬笔，这样就不会在纸面上画上不需要的笔画。

（5）如果打算重新绘制，使用全部擦除。

选择起笔的位置，这个位置很重要。

因为舞台大小有限，起笔点放在下图阴影部分比较合适，这样会有比较大的空间用来绘制。

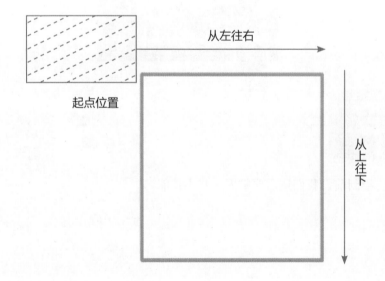

你知道舞台左上角坐标的范围吗？

思考一下在这个坐标范围内固定画笔的起始坐标。

如果在右下角，舞台边缘就会阻碍你的绘制，就好像你的图形画到图纸外面一样。

起笔在这个阴影位置，
结果绘制了个这样的图形。

步骤3 按下空格键启动绘画程序，并确定画笔的起始坐标位置。

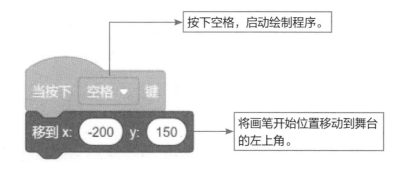

按下空格，启动绘制程序。

将画笔开始位置移动到舞台的左上角。

步骤4 给画笔设定一个鲜艳点儿的颜色，然后调节画笔的粗细，完成这些准备工作就可以落笔绘画了。

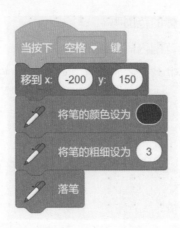

步骤5 先向右笔直地画上一条线段，面向 90 度方向，移动 200 步。

步骤6 按下空格键看看完成的第一笔效果。

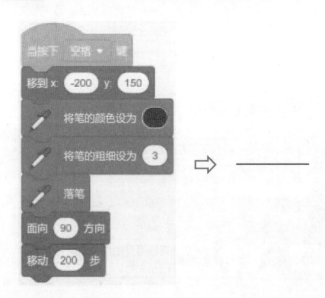

接下来画笔向右旋转 90 度向下绘制。

先向右旋转 90 度，然后向下移动 80 步。

步骤7　运行程序看看效果。

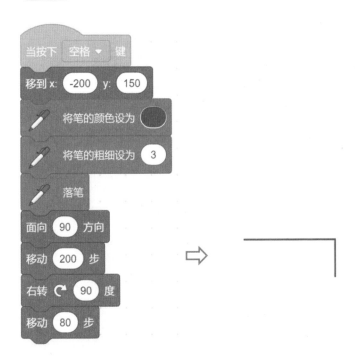

步骤8 画笔再向右旋转90度，向左画出第一笔的对边。

记住两条对边需要长度相等，上面这条边移动了200步，这条边也需要移动200步。

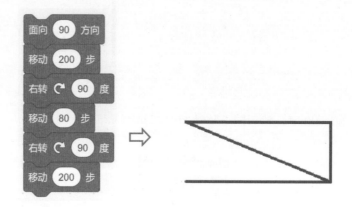

为什么多了一笔呢？

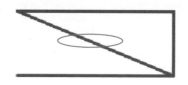

我们来还原一下每次绘制画笔的移动轨迹，或许可以找出其中的原因。

（1）第一次绘制。

第一次绘制，从起点出发。

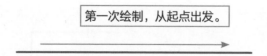

（2）第二次绘制，按下空格它会先回到起点，再重新绘制。

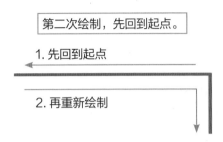

（3）第三次绘制，画笔还是需要先回到起点，然后重新绘制。

注意：画笔回到起点前的位置和回去的路线。

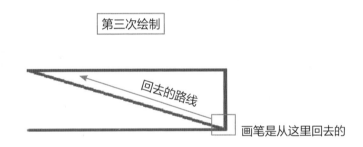

所以就多了一条线段。

发现问题，我们解决问题，推理和还原可以帮助我们找寻问题。

如果可以在落笔重新绘制前全部擦除，这个问题就可以解决了。

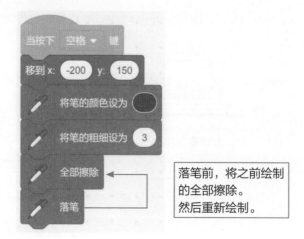

落笔前，将之前绘制的全部擦除。
然后重新绘制。

步骤9　继续完成最后一条边。

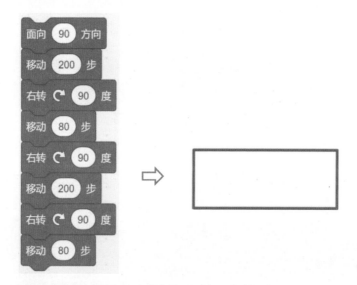

大功告成，一个完整的长方形就画完了。

试试修改画笔颜色、长方形的边长，绘制新的长方形。

9.4　通过程序来调节边长

每次都要去程序里修改边长很麻烦，而且还很容易出错，导致对边长度不同。

我们思考一下可以输入边长吗？这样每次询问后就可以绘制了。

于是，我们添加了询问积木块来获取输入的长和宽。并且创建两个变量【长】、【宽】来记录输入的边长。

将变量添加到画笔绘制的长度中去。

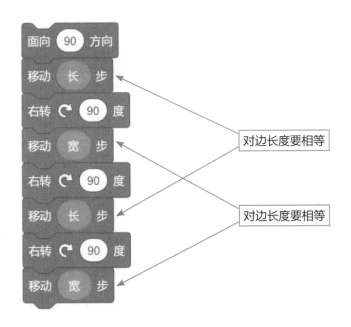

再次运行，程序就会要你输入"长方形的长"和"长方形的宽"了，这样你就可以通过程序直接调整要绘制图形的大小。

9.5 计算周长和面积

记录了长方形的长和宽，就可以快速地将长方形的周长和面积计算出来。

长方形的周长就是 4 条边的长度总和。

周长 =2×（长 + 宽），将变量放入公式。

面积 = 长 × 宽。

【注意】

这里的周长和面积是直接用数字表示的，但是我们在计算周长和面积的时候千万不要忘记了添加对应的单位。

哇塞，又一个数学小程序完成了。

第 10 章

折线图统计图

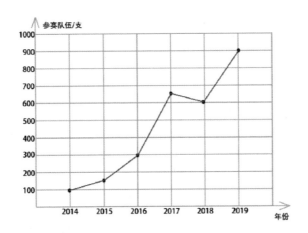

Gobo 你快来看，我用程序做的折线图。

你在程序上用手绘制的吗？

比那可高级多了，我做了个折线绘图工具。

那么高级，快和我说说，你是怎么做的。

10.1 用折线图表示数据

在课堂里刚学完折线图，我就想到了如何用程序展示。

首先我有一张数据统计表，里面记录着每年参加编程比赛的队伍数量。

年份	2014	2015	2016	2017	2018	2019
队伍数量	100	150	300	650	600	900

然后，我根据年份确定了 x 轴，根据队伍数量确定了 y 轴。

年份我按照每年一格，队伍数量我就是按照 100 一格来绘制的。

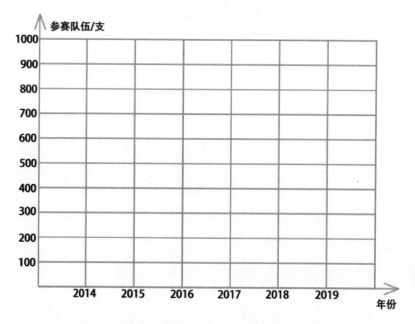

然后只需要将统计表里的数据对应 x，y 位置标注出来。

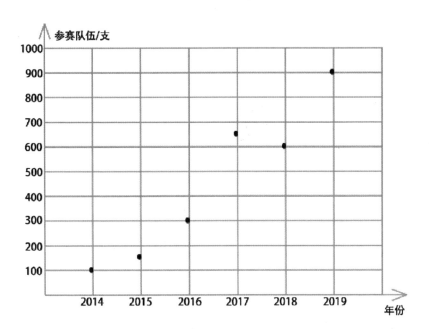

最后用笔将这些点依次连接起来。

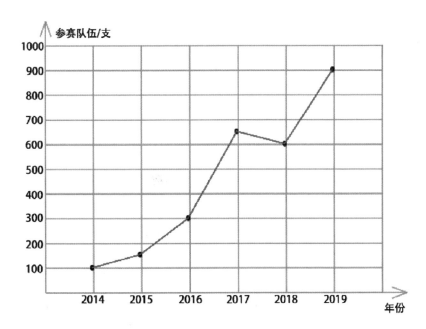

这样，一张折线图统计表就完成了。

10.2 程序的高级之处

扫 码
看视频

10.3 鼠标描点真方便

在折线图绘制过程中，有两个主要环节。一个是标出数据点，另一个就是连线。

现在我就要给大家展示我是如何用鼠标快速地标出数据点。

在舞台上点击一下，数据点就标好了，是不是很方便。

步骤 1 使用角色添加的绘制功能，添加一个空白角色。

这个角色用来绘制数据点，我给它取名叫作【确定点】。

来到【确定点】角色编写它标注数据点的代码。

步骤 2 使用画笔的准备工作就是设定画笔颜色，调节画笔粗细。

步骤 3 要记录那么多的数据点，需要找列表来帮忙。

创建列表【x 坐标（年份）】来记录数据点对应的年份。

创建列表【y 坐标（队伍数）】来记录数据点对应的参数队伍数量。

变量

建立一个列表

给列表取好名字

x 坐标（年份）   y 坐标（队伍数）

步骤 4　程序启动时，要将之前列表里的数据全部删除，准备记录全新的
数据点。

删除　x坐标（年份）　▼　的全部项目

删除　y坐标（队伍数）　▼　的全部项目

步骤 5　将它们拼接起来。

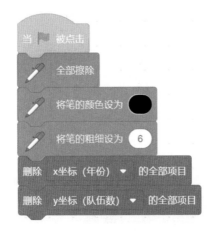

步骤 6　现在我们要进入主要功能模块了，点击鼠标标出数据点。
（1）让绘制数据点的角色跟随鼠标移动。

（2）但是要怎么记录呢？

可以通过点击鼠标来记录。

当鼠标按下就表示这个点就是要标注的数据点。

将这时鼠标的 x 坐标和 y 坐标记录下来，因为这时鼠标所在的位置就是数据点的位置，那么鼠标的 x 坐标和 y 坐标就是数据点的 x 坐标和 y 坐标。

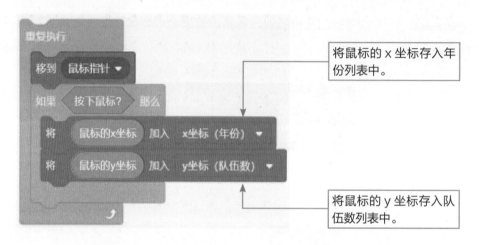

将鼠标的 x 坐标存入年份列表中。

将鼠标的 y 坐标存入队伍数列表中。

（3）用画笔将数据点标注出来。

落笔点一下，就抬起笔，这样就画了一个小圆点。

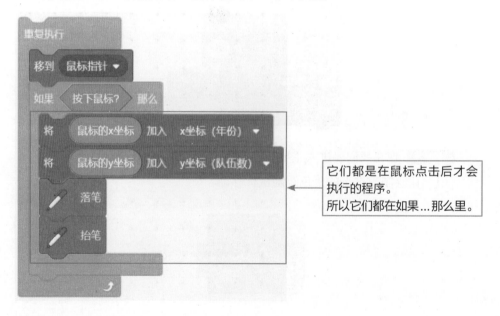

它们都是在鼠标点击后才会执行的程序。
所以它们都在如果...那么里。

步骤7　运行看一下效果，是不是可以精准地标注数据点。

特别需要观察列表中数据点的坐标变化，因为后面的连线是根据坐标来的。

发现 Bug

我点击一下鼠标，本来只打算标注一个数据点，但是列表里出现了好多坐标值。

这是哪里出错了呢？

寻找原因

原来根据我按下鼠标的时间长短不同，列表里添加的数据点的数量也不同。按下的时间越长数据点越多。

再来看一下代码寻找根源。

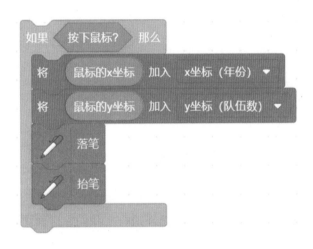

只要按下鼠标就会记录一个数据点，如果我要是一直按着鼠标，那么它就会记录无数的数据点，原来问题出在这里。

解决问题

如果可以将鼠标按下到松开鼠标记为一次鼠标按下就可以解决问题了。

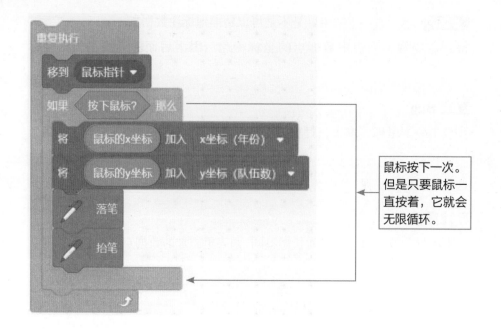

鼠标按下一次。但是只要鼠标一直按着，它就会无限循环。

记录松开

鼠标按下不成立就是松开。

鼠标松开 = 鼠标没有按下 = 鼠标按下不成立。

为了让鼠标按下后程序不会立刻循环执行，我们在后面添加一个等待鼠标松开。

看代码分析

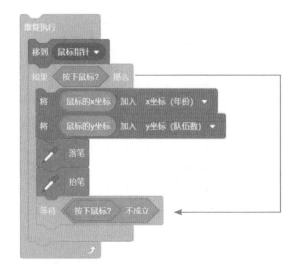

鼠标按下记为一次按下。

只要鼠标没有松开。
程序就不会继续，会停留在这
里和我们一起等待鼠标松开。

这样每次点击，数据点就只记
录一次。

步骤 8 通过不断地探索和分析，终于完成了绘制数据点的任务。

10.4 将数据点依次连接

将数据点依次全部连接起来，我们的折线图也就大功告成了。

步骤 1 添加【画折线】角色，用来帮助我们完成连线。

步骤 2 养成好习惯，先完成准备工作。

折线是在我们按下空格键后启动绘制的，添加【当按下】积木块作为启动键。

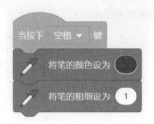

步骤 3 为了不遗漏任何一个数据点，我们要将列表里的每一个项目都列出来。

列表一共有多少个项目呢？这是个问题。不过幸运的是，【x 坐标（年份）】和【y 坐标（队伍数）】它们的项目数是相同的，添加一个年份就添加了一个队伍数。

Scratch 真是神奇，我想要什么它就有什么。

这个积木块就可以知道列表有多少个项目。

x坐标（年份） ▼ 的项目数

步骤 4 连接数据点正式开始。

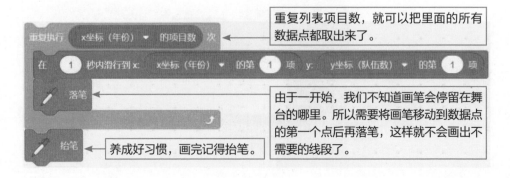

重复列表项目数，就可以把里面的所有数据点都取出来了。

由于一开始，我们不知道画笔会停留在舞台的哪里。所以需要将画笔移动到数据点的第一个点后再落笔，这样就不会画出不需要的线段了。

养成好习惯，画完记得抬笔。

步骤5　发现问题，我们一直在画第一个数据点。

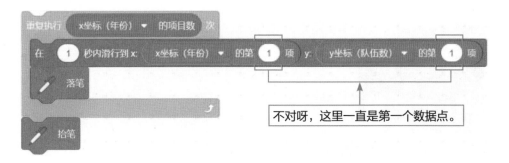

不对呀，这里一直是第一个数据点。

步骤6　列表循环取数据可不是那么简单，第几项还需要，一个一个的过去。

创建一个变量【i】，让它来帮忙。

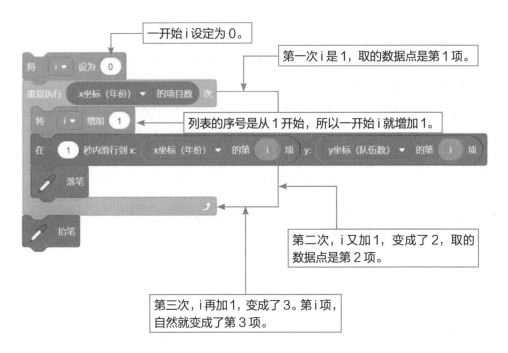

一开始 i 设定为 0。

第一次 i 是 1，取的数据点是第 1 项。

列表的序号是从 1 开始，所以一开始 i 就增加 1。

第二次，i 又加 1，变成了 2，取的数据点是第 2 项。

第三次，i 再加 1，变成了 3。第 i 项，自然就变成了第 3 项。

就是这样，将所有的数据点一个不落地连接起来了。

步骤 7　检查代码，然后试试，看看你的折线画得对不对。

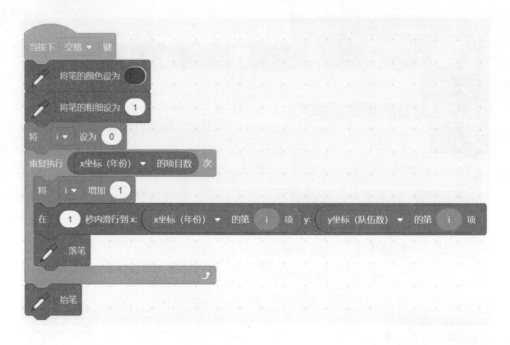

10.5　拓展——寻找 Bug

（1）找到 Bug 的现象，看看这个 Bug 具体错误会产生什么效果。

（2）思考一下，产生 Bug 可能的原因。

（3）根据你的思考，一行一行地推理和模拟可能出错的代码。

（4）大胆的猜想，然后修改代码进行对比。

（5）找到问题所在并改正。

（6）记入 Bug 修复笔记。

第 11 章

快速确定方位

救援船已经将落水者救起，直升机请速速出发将落水者送往医院。

收到，正在出发，发射定位仪。

定位后，立刻营救。

已经确定船只在我东偏南 36 度方向，距离我 235 步的位置，马上实施营救。

11.1　观测飞机进行营救

扫　码
看视频

11.2 确定方位

这是营救地图，根据上北下南，左西右东，我们可以先简单地辨认出方位。

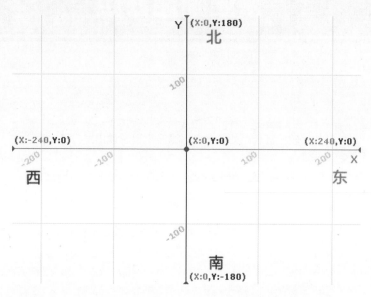

再来看看船只，以中心点来对照，你是否可以判断它的位置？

（1）船只在正北方向。

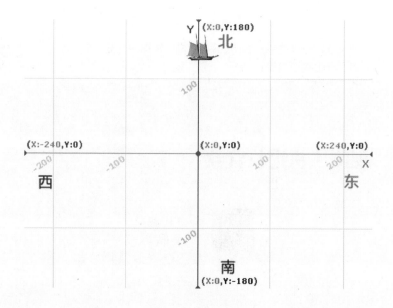

（2）船只在正东方向。

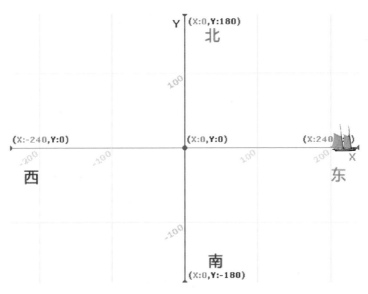

（3）这样的情况，如果船只更靠近北方向，我就说是北偏东，如果更靠近东方向，我们就说东偏北。

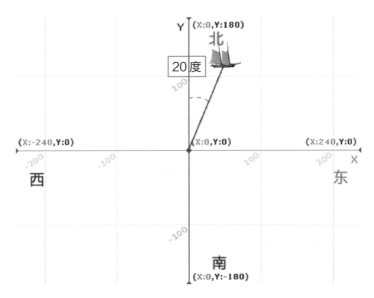

可以看出，船只更靠近北方向，我们说北偏东，再看看和正北方向的夹角是多少度。它们的夹角是 20 度。所以说北偏东 20 度方向。

（4）刚好 45 度，在中间南偏西 45 度方向或者西偏南 45 度方向。

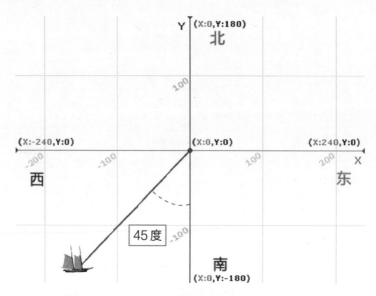

（5）靠近正西方向，所以说是西偏北 10 度。

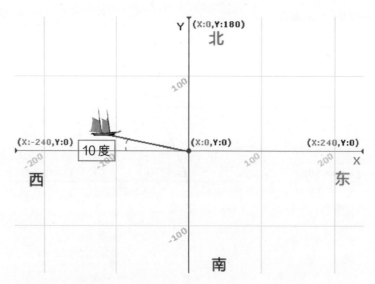

（6）这里船只更靠近正东方向，它和正南方向的夹角是 50 度，可以计算出它和正东方向的夹角是 90-50=40 度。

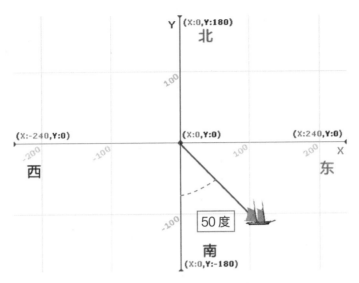

所以说东偏南 40 度，可别简单地被图中标注的角度迷惑了。

11.3　掌握程序中方向对应的方位

Scratch 中角色的方向是由【面向 ... 积木块】控制的，旋转积木块中的箭头，
调整角色面向方向。

看看它和地图中的方位有什么关系。

正北方向，面向 0 方向，箭头指向上方。

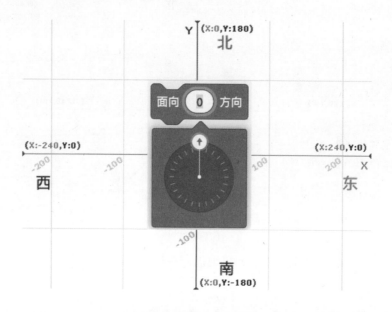

正东方向，面向 90 方向，箭头指向右边。

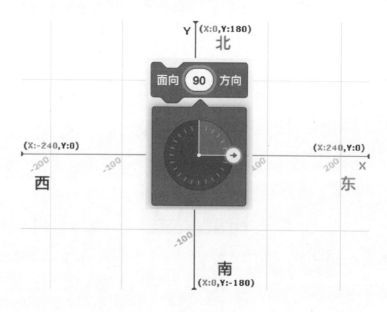

正西方向，面向 -90 方向，箭头指向左边。

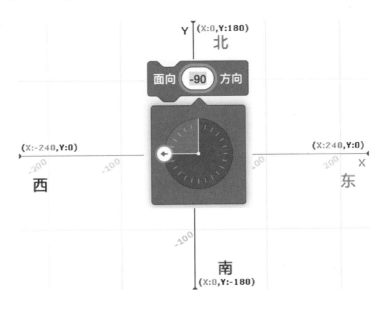

正南方向，面向 180 方向，箭头指向下方。

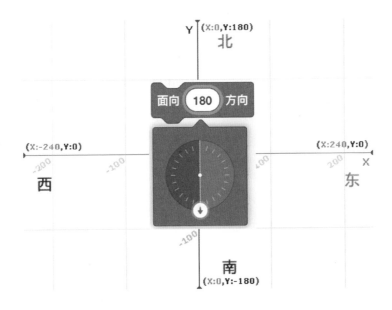

接下来看看偏方向。

北偏东

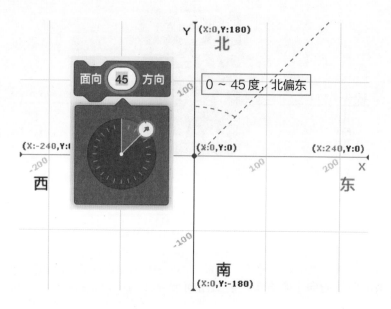

东偏北

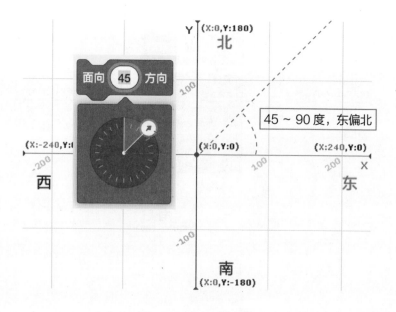

南偏东

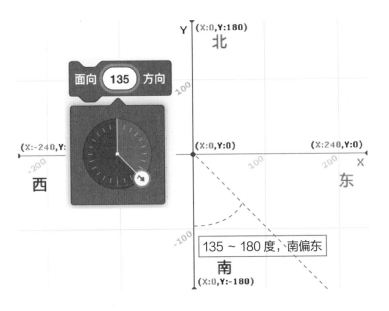

东偏南

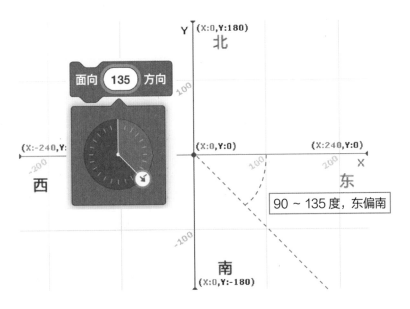

南偏西

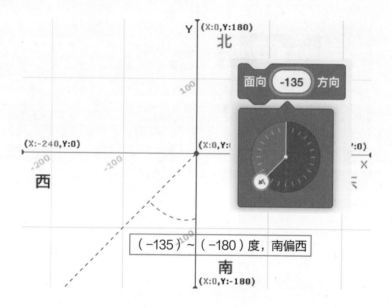

（-135）~（-180）度，南偏西

西偏南

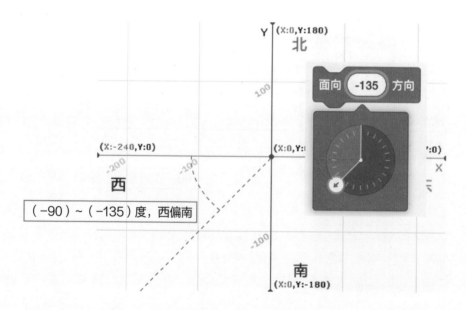

（-90）~（-135）度，西偏南

北偏西

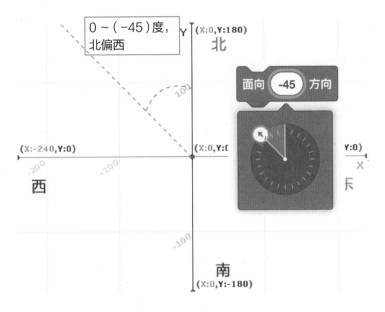

西偏北

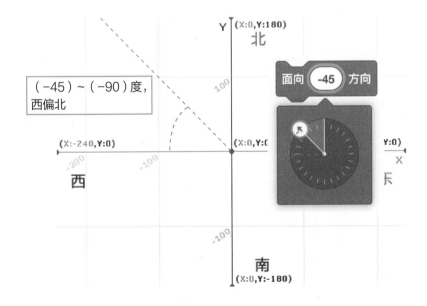

11.4　用程序判断方位

来到直升机角色完成最复杂的功能。

步骤 1　确定船只的方向。

（1）创建一个自制积木块，包含一个参数，那就是方向。

通过 方向 我们可以很快地知道角色的方向，但是我们要将它转换成方位，就需要运用程序【确定方位】积木块来完成。

（2）只需要将飞机指向的具体方向放入这个积木块中。

然后通过我们上面总结出来的方向范围，一个个地通过【如果那么】判断，将它们转换方位就可以了。

（3）先创建一个变量用来记录【船只在飞机的什么方向】。

（4）正北方向。如果传入的 方向 等于 0，就说明它是面向 0 方向，也就是正北方向。

（5）正东方向。如果传入的 方向 等于 90，就说明它是面向 90 方向，那么就是正东方向。

（6）正西方向。如果传入的 方向 等于 -90，就说明它是面向 -90 方向，那么就是正西方向。

（7）正南方向。如果传入的 方向 等于 180，就说明它是面向 180 方向，那么就是正南方向。由于 -180 方向和 180 方向重合，所以这里也可以写 -180。

（8）北偏东

【方向】>0 度和【方向】≤ 45 度，我们就可以用北偏东来表示。

分析一下：【方向】>0 度同时【方向】< 45 度这个范围用北偏东来表示。还有一个等于的情况也可以是【方向】=45 度。

合起来就是（【方向】>0 与【方向】< 45 度）或者【方向】=45 度。

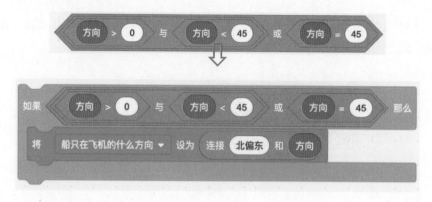

（9）东偏北

45 度＜【方向】＜90 度，用东偏北来表示。

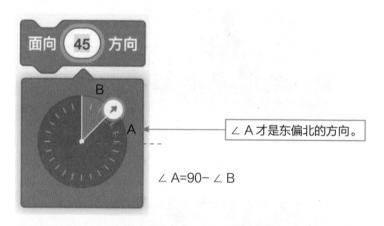

∠ A 才是东偏北的方向。

∠ A=90-∠ B

不过要注意，这个时候【方向】＞45 度，我们需要使用【90- 方向】才是真实的东偏北的角度。

（10）东偏南

【方向】>90 度和【方向】≤ 135 度，我们就可以用东偏南来表示。

分析一下：【方向】>90 度同时【方向】<135 度这个范围用东偏南来表示。还有一个等于的情况也可以是【方向】=135 度。

合起来就是（【方向】>90 与【方向】<135 度）或者【方向】=135 度。

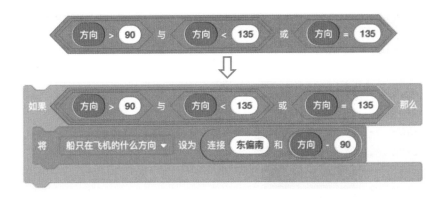

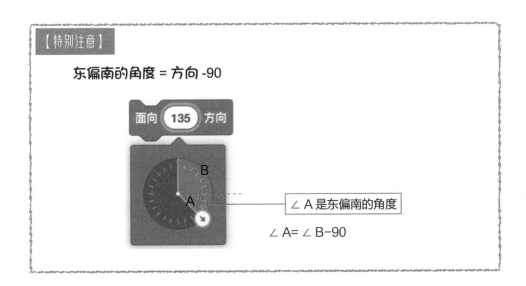

（11）南偏东

135 度 <【方向】< 180 度，用南偏东来表示。

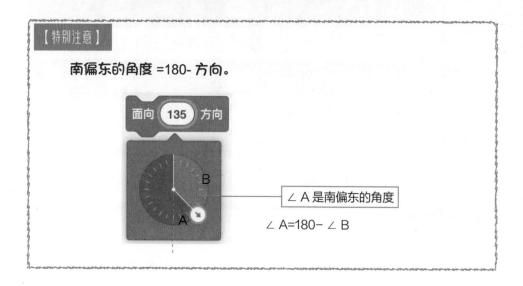

【特别注意】

南偏东的角度 =180- 方向。

∠A 是南偏东的角度

∠A=180- ∠B

（12）用同样的思考方式快速地将其他方向编写完成。

南偏西

西偏南

西偏北

北偏西

（13）全部组合起来，这样我们整个程序最核心的部分就完成了。

步骤 2 直升机固定在坐标轴的原点。

步骤 3 用绘制工具创建空白角色作为定位仪。

使用画笔工具，绘制一条直升机与船只的连接线，完成连接线后通过广播告诉直升机【得到具体位置】。

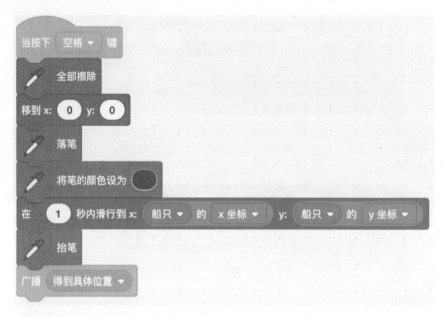

步骤 4 再回到直升机角色，接收广播并且说出船只的具体方位。
使用连接积木块将话语组合起来：

应该说船只在我的 90 度方向 100 步的位置。

其中【90】是变量【船只在飞机的什么方向】的数值。

【100】是【到船只的距离】的数值。

将它们拆解成：

"船只在我"+变量【船只在飞机的什么方向】+"度方向"+【到船只的距离】
+"步的位置。"

那么接收到广播后，直升机将执行以下代码：

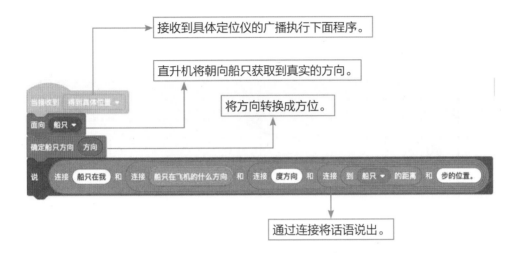

步骤 5 船只呢？它就移到随机位置就可以了。

快去试试吧！

你得到的结果可能是这样的，无论是方向还是距离小数点后面都有好多数字，这说明计算得非常准确，但是有时候我们希望可以去掉小数点，可以更加好看点儿。

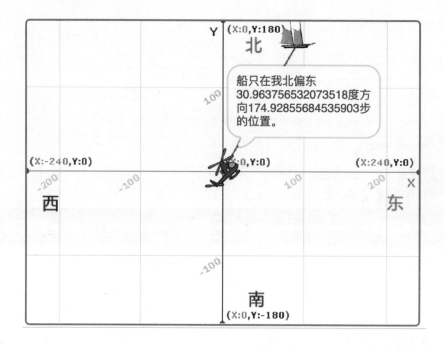

这就可以使用

这样根据四舍五入法就可以把小数去掉了。

将方向和距离的数值都进行四舍五入试试看吧！

第 12 章

复杂的质数与合数

质数是指在大于 1 的自然数中，除了 1 和它本身以外不再有其他因数的自然数。

合数是指自然数中除了能被 1 和本身整除外，还能被其他数（0 除外）整除的数。

1 既不属于质数也不属于合数。

太难背了，如果有个程序，只要我输入数字，它就可以告诉我是质数还是合数那该有多好呀！

"Scratch 帮帮我吧！！！"

12.1 这是你想要的吗？

扫　码
看视频

12.2　什么是质数，什么是合数

想要完成这个程序，靠死记硬背可是行不通的。

需要深刻理解什么是质数，什么是合数，它们有什么区别。

质数和合数都是自然数。

（1）自然数

自然数是指表示物体个数的数，即由 0 开始，0，1，2，3，4，……一个接一个的，这些数字就是自然数。

0：我是自然数。

10：我是自然数。

12334：我也是自然数。

-2：我不是自然数，我是负整数。

3.45：我也不是自然数，我是小数，属于有理数。

（2）质数

质数是指在大于 1 的自然数中，除了 1 和它本身以外没有其他因数的自然数。

2 有两个因数 1 和 2，只有 1 和它本身，所以是质数。

4 有 3 个因数 1、2、4，除了 1 和它本身，还有 2，所以不是质数。

（3）合数

合数是指自然数中除了能被 1 和本身整除外，还能被其他数（0 除外）整除的数。也就是除了 1 和它本身以外还有其他因数的自然数。

4 除了 1 和 4，还有因数 2，所以它是合数。

6 除了 1 和 6，还有因数 2 和 3，所以它是合数。

7 除了 1 和 7，没有其他因数了，所以它是质数。

（4）1

1 既不是质数也不是合数。

考题来了

（1）判断下面这些数字是质数还是合数，用横线划去错误的选项。

比如：2　质数　合数

1	质数	合数	11	质数	合数
2	质数	合数	12	质数	合数
3	质数	合数	13	质数	合数
4	质数	合数	14	质数	合数
5	质数	合数	15	质数	合数
6	质数	合数	16	质数	合数
7	质数	合数	17	质数	合数
8	质数	合数	18	质数	合数
9	质数	合数	19	质数	合数
10	质数	合数	20	质数	合数

（2）用笔圈出 100 以内的质数。

1	2	3	4	5	6	7	8	9	10
11	12	13	14	15	16	17	18	19	20
21	22	23	24	25	26	27	28	29	30
31	32	33	34	35	36	37	38	39	40
41	42	43	44	45	46	47	48	49	50
51	52	53	54	55	56	57	58	59	60
61	62	63	64	65	66	67	68	69	70
71	72	73	74	75	76	77	78	79	80
81	82	83	84	85	86	87	88	89	90
91	92	93	94	95	96	97	98	99	100

你做对了吗？

（1）判断下面这些数字是质数还是合数，用横线划去错误的选项。

1	~~质数~~	~~合数~~	11	质数	~~合数~~
2	质数	~~合数~~	12	~~质数~~	合数
3	质数	~~合数~~	13	质数	~~合数~~
4	~~质数~~	合数	14	~~质数~~	合数
5	质数	~~合数~~	15	~~质数~~	合数
6	~~质数~~	合数	16	~~质数~~	合数
7	质数	~~合数~~	17	质数	~~合数~~
8	~~质数~~	合数	18	~~质数~~	合数
9	~~质数~~	合数	19	质数	~~合数~~
10	~~质数~~	合数	20	~~质数~~	合数

（2）用笔圈出 100 以内的质数。

1	**2**	**3**	4	**5**	6	**7**	8	9	10
11	12	**13**	14	15	16	**17**	18	**19**	20
21	22	**23**	24	25	26	27	28	**29**	30
31	32	33	34	35	36	**37**	38	39	40
41	42	**43**	44	45	46	**47**	48	49	50
51	52	**53**	54	55	56	57	58	**59**	60
61	62	63	64	65	66	**67**	68	69	70
71	72	**73**	74	75	76	77	78	**79**	80
81	82	**83**	84	85	86	87	88	**89**	90
91	92	93	94	95	96	**97**	98	99	100

相信这些题都难不倒你，给你一个大大的赞。

12.3　用程序实现判断

步骤 1 询问需要判断的数字。

为了可以持续输入和判断，在外面嵌套了一个重复执行。

将输入的回答存入变量【我的变量】中为后续使用。

步骤 2 因为 1 既不是质数也不是合数，所以我们先将它排除掉。

如果不是 1，即可进入，否则需要再次判断数字是质数还是合数。

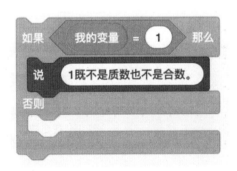

步骤 3 1 已经排除了，那么最小的数字便是从 2 开始了。

输入的回答，如果只有 1 和它本身两个因数，就说明它是质数。

只要一个数字还有第三个因数，那么它就是合数。让输入的数字除以 2、3、4、5……，一直除到它本身。如果只有到了它本身才能整除，那么它就是质数，如果它有第三个因数，那么它就是合数。

（1）让输入的回答不断地除以 2、3、4、5……

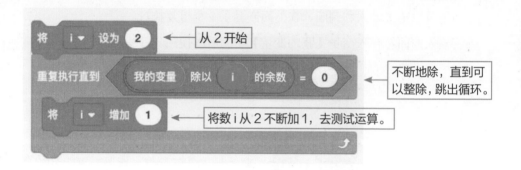

（2）循环结束后，只需要对比变量【i】和【我的变量】两个数字的值。

如果【i】=【我的变量】，说明输入的回答一直除到了它本身才被整除，输入的回答只有 1 和它本身两个因数，就是质数。

反之，【i】不等于【我的变量】，说明找到了一个其他因数，说明输入的回答是合数。

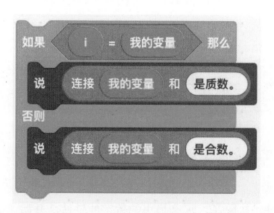

（3）测试刚刚考题中的 100 个数字，看看这个程序判断是不是正确的？

　　判断一个数字是质数还是合数到这里就完成了，我们又完成了一个解决数学问题的小程序。

12.4 拓展增加条件

我一不小心输入了字母 A，程序竟然告诉我这是合数，真的太不可思议了。看来程序还有 Bug，字母被判断为不是质数，否则就被归纳为合数。

现在我们需要将不是数字的回答排除掉，这里巧妙地运用了乘法运算来识别。

步骤 1 判断输入的是不是数字。

6×1=6，A×1 会等于什么，字母不能做乘法。

【数字 ×1= 数字】，但是【字母 ×1】就不同了，按道理字母不能做乘法，在 Scratch 中字母的乘法会等于 0。

所以判断输入的回答是不是数字，可以通过乘法来识别，如果回答与 1 相乘，还等于它本身，那么就是数字。

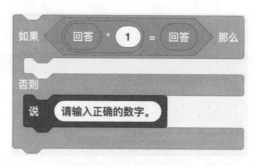

但是，如果是负数怎么办呀！

步骤 2 判断数字是不是负数。

负数小于 0，这个超级简单。

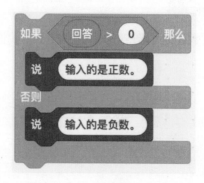

还有可能是小数？

步骤 3　判断正数是不是小数。

这里我们使用向上取整（向上取整是取一个最小且比它大的整数）。对于正数来说向上取整就是去掉小数部分，然后在整数部分加 1。

1.1 向上取整，去掉 0.1，然后 1+1=2。

9.9 向上取整，去掉 0.9，然后 9+1=10。

如果没有小数部分，向上取整就会等于自己，我们就用这个来判断，回答是不是小数。

回答向上取整 = 回答（是整数）。

回答向上取整 ≠ 回答（是小数）。

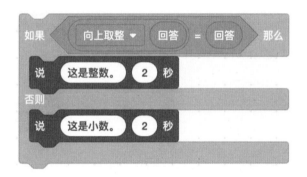

开心！又拓展了很多小知识，还知道了怎么识别各种数字。

第 13 章

挑战欧几里德算法

走，Monet，我们踢球去。

我不去了。

你怎么垂头丧气的呀！

你看吧，我都头大呢。

求下面各数的最大公约数

24 和 36

16 和 72

25 和 45

225 和 25

32 和 96

18 和 108

还好，我的大脑就是电脑。

13.1　最大公约数

最大公约数也称为最大公因数、最大公因子，指两个或多个整数共有约数中最大的一个。

先来解决一道小题。

12 和 27 的最大公约数。

12 有 1、2、3、4、6、12 这些因数。

27 有 1、3、9、27 这些因数。

那么，它们的最大公约数就是 3。

还有一个定理可以帮助我们计算最大公约数。

定理：两个整数的最大公约数等于其中较小的那个数和两数相除余数的最大公约数。这个定理叫作欧几里德算法，又称辗转相除法。

较小的那个数字是：12。

两个数相除的余数：27÷12 的余数等于 3。

那么 12 和 27 的最大公约数就等于 12 和 3 的最大公约数，显而易见是 3。

接下来，我们就要使用这个方法来计算最大公约数。

13.2　电脑真强大

扫码看电脑是怎么计算的。

扫　码
看视频

13.3 欧几里德算法

看上去这是一个高端大气上档次的算法，今天我们也将用 Scratch 中的自制
积木模块来创作全新的欧几里德算法积木块。

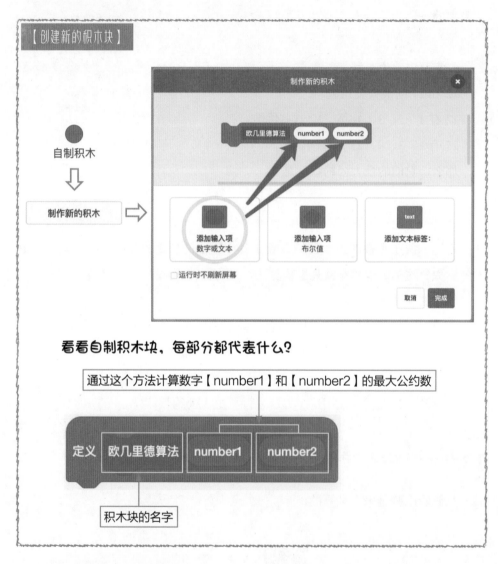

欧几里德算法是这样说的：

两个整数的最大公约数等于其中较小的那个数和两数相除余数的最大公
约数。

步骤1 我们先假设 number1 大于 number2，然后求 number1 除以 number2 的余数。

步骤2 创建变量【余数】用来存储计算结果。

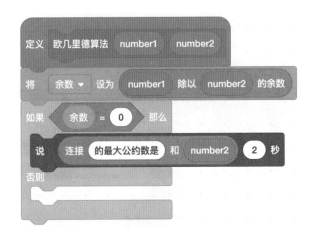

步骤3 如果余数等于 0，那么更小的这个数就是它们的最大公约数。

number2 就是它们的最大公约数。

就像 27 和 9 一样，27÷9 的余数是 0，那么 9 就是 27 和 9 的最大公约数。

步骤4 如果还有余数呢？

通过定理，我们知道：

number1 和 number2 的最大公约数 =number2（更小的数字）和余数的最大公约数。

这样的话，我们就可以继续使用欧几里德算法计算 number2 和余数的最大公约数，直到没有余数为止。

再次使用积木块。

不过这次计算的两个数字不是 number1 和 number2 了，变成了 number2 和余数。

将新的要计算的数字放入积木块中。

步骤5 这样，通过欧几里德算法，计算两个数字的最大公约数的程序就编写完成了。

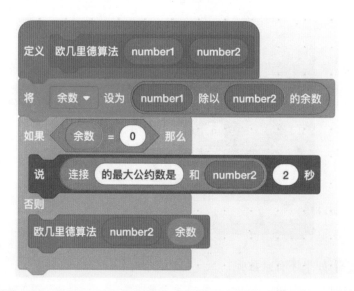

步骤6 虽然我说已经完成了，但是你可能还有疑问，如果 number2>number1 呢？

我们之前可是通过假设的 number1>number2 来编写的。

非常棒，你还没有忘记这个假设。

如果 number2>number1，按照我们上面编写的程序会怎样呢？

首先 number1÷number2 的余数不可能等于 0，是等于 number1。

比如：number1=12，number2=27，12÷27 余数就是 12。

这时再次使用欧几里德算法，就变成为：

number2 和余数的顺序了，刚好 number2 是 27，余数是 12，这样就将之前的 number1（12），number2（27）变成 number2（27），余数（12）。

这就和我们一开始的假设是一样的，所以这个程序同样适用于 number2> number1 的情况。

步骤 7　你真的很棒！可以学到这里，上面的核心部分我们已经完成了，接下来我们需要添加询问，完成程序的最后一部分。

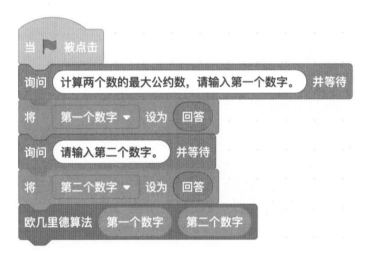

完成了程序，快帮 Monet 完成它的作业吧！

写出下面各数的最大公约数

（1）24 和 36

（2）16 和 72

（3）25 和 45

（4）225 和 25

（5）32 和 96

（6）18 和 108

核对答案，你答对了吗？

（1）12

（2）8

（3）5

（4）25

（5）32

（6）18

第 14 章

最小公倍数

你知道最大公约数了，那么你知道最小公倍数吗？

当然知道呀，两个或多个整数公有的倍数叫作它们的公倍数。其中除 0 以外最小的一个公倍数就叫作这几个整数的最小公倍数。

你是百度百科的吧，那么你知道怎么计算出最小公倍数吗？

这可难不倒我，老师曾经告诉我一个小秘诀。

由于两个数的乘积等于这两个数的最大公约数与最小公倍数的积。所以，最小公倍数就可以通过这两个数的乘积除以最大公约数来计算。

14.1 计算出最小公倍数

今天我们要解答这个题目：已知第一个数字和第二个数字，求第一个数字和第二个数字的最小公倍数。

看看 Monet 的计算公式：

$$第一个数字 × 第二个数字 = 最大公约数 × 最小公倍数$$

$$最小公倍数 =（第一个数字 × 第二个数字）÷ 最大公约数$$

> 哈哈，最大公约数我们已经编写了计算程序，可以很快地计算出来，那么最小公倍数也太简单了吧！

看来掌握了基础知识很重要。

14.2 启动程序，3 步解决战斗

想要解决上面这道题，我们首先需要输入两个已知的数字。

步骤 1 创建变量【第一个数字】和【第二个数字】，然后通过询问的方式获得。

步骤 2 将之前我们学习的欧几里德算法搬到这里来，帮助我们快速地计算出最大公约数。

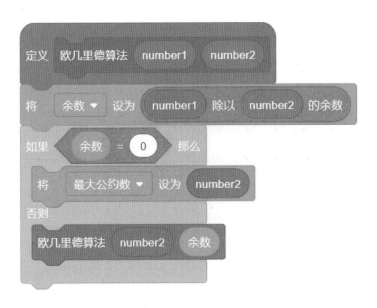

这个函数所需要的变量【余数】和【最大公约数】可别忘记创建了哟！

步骤 3 开始计算最小公倍数，我们开始套公式了。

（1）通过欧几里德算法计算出这两个数字的最大公约数。

计算出最大公约数

（2）通过公式。

最小公倍数 =（第一个数字 × 第二个数字）÷ 最大公约数

计算出最小公倍数。

（3）然后将它们拼接起来。

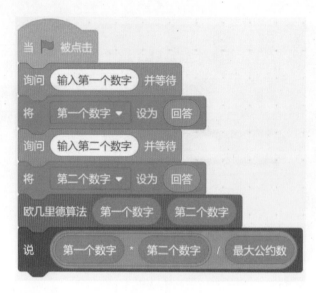

步骤4 测试程序，找一些数字来试试。

3 和 4 的最小公倍数是 12。

12 和 42 的最小公倍数是 84。

9 和 6 的最小公倍数是 18。

72 和 196 的最小公倍数是 3528。

快来试试看，你的程序写对了吗？

扫 码
看视频

第 15 章

一招解决分数四则运算

掌握了欧几里德算法，最近我又开始学习使用程序完成分数的四则运算。

不错呀，和我说说呗！

哈哈，将之前学习的四则运算和欧几里德算法结合起来，就可以解决分数的运算。

15.1　看看 Monet 的成果

扫码看乘法的四则运算。

扫　码
看视频

15.2 分数与分数的四则运算

分数加法运算

1. 同分母分数相加，分母不变，分子相加，能约分的记得要约分。

$$\frac{5}{8} + \frac{1}{8} = \frac{分子相加}{分母不变} = \frac{6}{8} \rightarrow （约分） = \frac{3}{4}$$

2. 不同分母的分数相加，先通分（运用分数的基本性质将异分母分数转化为同分母分数），再按同分母分数相加去计算，最后能约分的记得要约分。

$$\frac{1}{4} + \frac{2}{3} \rightarrow （通分） = \frac{3}{12} + \frac{8}{12} = \frac{11}{12}$$

分数减法运算

1. 同分母分数相减，分母不变，分子相减，能约分的记得要约分。

$$\frac{5}{8} - \frac{1}{8} = \frac{分子相减}{分母不变} = \frac{4}{8} \rightarrow （约分） = \frac{1}{2}$$

2. 不同分母的分数相减，先通分，然后按照同分母分数减法的法则进行计算。

$$\frac{2}{3} - \frac{1}{4} \rightarrow （通分） = \frac{8}{12} - \frac{3}{12} = \frac{5}{12}$$

分数乘法运算

分数乘分数，两个分子相乘的积做分子，两个分母相乘的积做分母，能约分的记得约分。

$$\frac{1}{4} \times \frac{2}{3} = \frac{2}{12} \rightarrow （约分） = \frac{1}{6}$$

分数除法运算

分数甲 $\dfrac{A}{B}$ 除以分数乙 $\dfrac{C}{D}$（0 除外）就是分数甲乘以分数乙的倒数。

$$\frac{A}{B} \div \frac{C}{D} = \frac{A}{B} \times \frac{D}{C}$$

$$\frac{1}{4} \div \frac{2}{3} = \frac{1}{4} \times \frac{3}{2} = \frac{3}{8}$$

15.3　程序大显身手

步骤 1 两个分数的四则运算，并且计算出结果。

第一个分数：$\dfrac{\text{分子 1}}{\text{分母 1}}$

第二个分数：$\dfrac{\text{分子 2}}{\text{分母 2}}$

计算结果：$\dfrac{\text{分子}}{\text{分母}}$

创建 6 个变量用来存储这些分子分母。

第一个分数：　分子1　　分母1

第二个分数：　分子2　　分母2

最终计算结果：　分子　　分母

步骤 2 构建分数运算等式，添加运算符、等号、分数线角色。

将加号、减号、乘号、除号等造型添加到符号角色中。

然后将角色和变量的位置移动到等式合适的位置。

步骤3 加、减、乘、除四则运算任意切换。

点击符号角色切换运算符。

步骤4 点击等号角色，进行计算，编写等号角色的计算代码。

（1）进行加法运算。

在侦测模块中，有个积木块可以获取到其他角色的属性。

如果运算符角色的造型名字是"加号"，此时进行分数的加法运算。

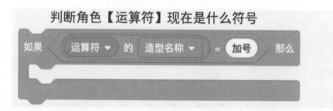

为了同时解决同分母和异分母的计算，不管三七二十一，通通来个通分。

分母 = 分母1× 分母2

进行通分

新分子 1= 分子 1× 分母 2

新分子 2= 分子 2× 分母 1

分子 = 新分子 1+ 新分子 2= 分子 1× 分母 2+ 分子 2× 分母 1

组合起来

（2） 进行减法运算。

如果运算符角色 = 减号，那么进行减法运算。

分母 = 分母 1× 分母 2

进行通分

新分子 1= 分子 1× 分母 2

新分子 2= 分子 2× 分母 1

分子 = 新分子 1 − 新分子 2 = 分子 1 × 分母 2 − 分子 2 × 分母 1

组合起来

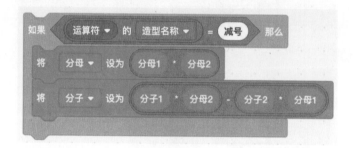

（3）进行乘法运算。

如果运算符角色 = 乘号，那么进行乘法运算。

分子 = 分子 1 × 分子 2

分母 = 分母 1 × 分母 2

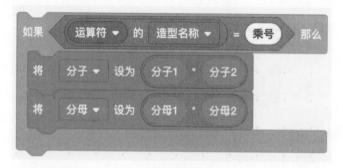

（4）进行除法运算。

如果运算符角色＝除号，那么进行除法运算。

分数的除法运算

（分数甲$\frac{A}{B}$）÷（分数乙$\frac{C}{D}$）＝分数甲乘以分数乙的倒数＝（分数甲$\frac{A}{B}$）×（分数乙$\frac{D}{C}$）

分子＝分子 1× 分母 2

分母＝分子 2 × 分母 1

组合起来

到这里等号的运算就完成了。无论是加法、减法、乘法、除法都可以在等号被点击后计算出答案。

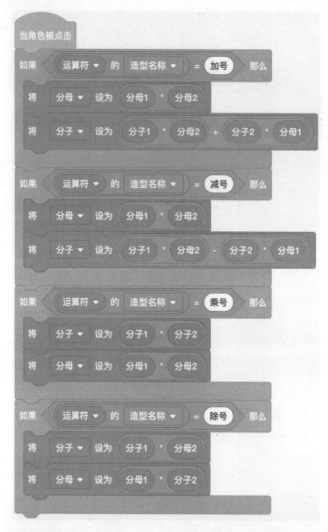

但是，现在的结果还不能约分？你可以想想看如何在等号这边添加约分的程序块，这个问题就留给你了。

步骤 5 我这里要把每个环节的约分都分离出来，让我们体验一下约分的感受。

（1）假如我们有 3 个分数，就需要添加 3 个约分角色来辅助 3 个分数进行约分。

可以直接用画板工具里的文字来编写约分角色，每个角色最好使用不同的颜色加以区分。

添加 3 个文字角色。

（2）编写它们的约分代码。

首先完成欧几里德算法，哈哈，这个我们之前就学习过了。

记得创建余数和最大公约数两个变量，每个角色都需要使用这个函数，所以它需要编写在每一个约分角色中。

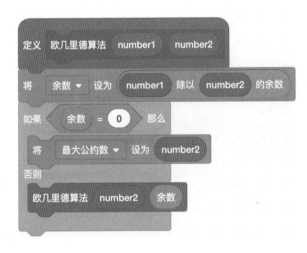

第一个约分角色，对第一个分数进行约分。

第二个约分角色，对第二个分数进行约分。

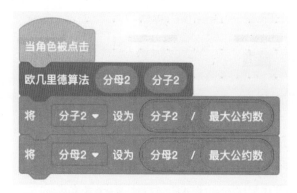

第三个约分角色，对第三个分数进行约分。

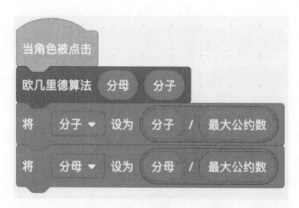

约分就是分子、分母同时除以它们的最大公约数。